软物质前沿科学丛书编委会

国家出版基金项目
NATIONAL PUBLICATION FOUNDATION

"十三五"国家重点出版物出版规划项目

软物质前沿科学丛书

原子力显微镜单分子力谱

Single-Molecule Atomic Force Microscopy

曹 毅 等 著

科 学 出 版 社
龙 门 书 局

北 京

内 容 简 介

单分子力测量技术被广泛用于界面相互作用、高分子力化学、生物分子间的动态结合与解离、蛋白质构象变化、细胞刚度、软物质材料的力学特性等多个领域中的测量，是一种全新的科学研究方法。本书介绍了单分子力谱的发展、科研应用以及几种实现单分子力谱的手段方法，并重点介绍了原子力显微镜在不同模式下的工作原理以及单分子力测量的实现方法；详细介绍了用于不同实验场景的探针修饰、样品测量体系构建的方法、数据处理及分析、理论模型和最新的科研实践等内容。

本书可作为生物物理、力化学以及纳米材料等相关专业研究生的教材或教学参考书，也可供科研和生产部门有关科学技术人员参考。

图书在版编目(CIP)数据

原子力显微镜单分子力谱/曹毅等著. —北京: 龙门书局, 2021.5
（软物质前沿科学丛书）

"十三五"国家重点出版物出版规划项目　国家出版基金项目
ISBN 978-7-5088-5977-4

Ⅰ. ①原…　Ⅱ. ①曹…　Ⅲ. ①原子力学-显微镜-研究　Ⅳ. ①TH742

中国版本图书馆 CIP 数据核字(2021)第 056567 号

责任编辑: 钱　俊　郭学雯/责任校对: 王萌萌
责任印制: 徐晓晨/封面设计: 无极书装

科 学 出 版 社　出版
龙 门 书 局
北京东黄城根北街 16 号
邮政编码: 100717
http://www.sciencep.com

北京虎彩文化传播有限公司　印刷
科学出版社发行　各地新华书店经销
*

2021 年 5 月第 一 版　开本: 720 × 1000 B5
2021 年 5 月第一次印刷　印张: 11 3/4
字数: 225 000
定价: 118.00 元
(如有印装质量问题, 我社负责调换)

丛 书 序

社会文明的进步、历史的断代，通常以人类掌握的技术工具材料来刻画，如远古的石器时代、商周的青铜器时代、在冶炼青铜的基础上逐渐掌握了冶炼铁的技术之后的铁器时代，这些时代的名称反映了人类最初学会使用的主要是硬物质。同样，20 世纪的物理学家一开始也是致力于研究硬物质，像金属、半导体以及陶瓷，掌握这些材料使大规模集成电路技术成为可能，并开创了信息时代。进入 21 世纪，人们自然要问，什么材料代表当今时代的特征？什么是物理学最有发展前途的新研究领域？

1991 年，诺贝尔物理学奖得主德热纳最先给出回答：这个领域就是其得奖演讲的题目——"软物质"。按《欧洲物理杂志》B 分册的划分，它也被称为软凝聚态物质，所辖学科依次为液晶、聚合物、双亲分子、生物膜、胶体、黏胶及颗粒物质等。

2004 年，以 1977 年诺贝尔物理学奖得主、固体物理学家 P.W. 安德森为首的 80 余位著名物理学家曾以"关联物质新领域"为题召开研讨会，将凝聚态物理分为硬物质物理与软物质物理，认为软物质 (包括生物体系) 面临新的问题和挑战，需要发展新的物理学。

2005 年，Science 提出了 125 个世界性科学前沿问题，其中 13 个直接与软物质交叉学科有关。"自组织的发展程度"更是被列为前 25 个最重要的世界性课题中的第 18 位，"玻璃化转变和玻璃的本质"也被认为是最具有挑战性的基础物理问题以及当今凝聚态物理的一个重大研究前沿。

进入新世纪，软物质在国际上受到高度重视，如 2015 年，爱丁堡大学软物质领域学者 Michael Cates 教授被选为剑桥大学卢卡斯讲座教授。大家知道，这个讲座是时代研究热门领域的方向标，牛顿、霍金都任过卢卡斯讲座教授这一最为著名的讲座教授职位。发达国家多数大学的物理系和研究机构已纷纷建立软物质物理的研究方向。

虽然在软物质研究的早期历史上，享誉世界的大科学家如诺贝尔奖获得者爱因斯坦、朗缪尔、弗洛里等都做出过开创性贡献。但软物质物理学发展更为迅猛还是自德热纳 1991 年正式命名"软物质"以来，软物质物理学不仅大大拓展了物理学的研究对象，还对物理学基础研究尤其是与非平衡现象 (如生命现象) 密切相关的物理学提出了重大挑战。软物质泛指处于固体和理想流体之间的复杂的凝聚态物质，主要共同点是其基本单元之间的相互作用比较弱 (约为室温热能量级)，因而易受温度影响，熵效应显著，且易形成有序结构。因此具有显著热波动、多个亚稳状态、介观尺度自组装结构、熵驱动的有序无序相变、宏观的灵活性等特征。简单地说，这些体系都体现了"小刺激，大反应"和强非线性的特性。这些特性并非仅仅由纳观组织或原子、分子水平的结构决定，更多是由介观多级自组装结构决定。处于这种状态的常见物质体系包括胶体、液晶、高分子及超分子、泡沫、乳液、凝胶、颗粒物质、玻璃、生物体系等。软物质不仅广泛存在于自然界，而且由于其丰富、奇特的物理学性质，在人类的生活和生产活动中也得到广泛应用，常见的有液晶、柔性电子、塑料、橡胶、颜料、墨水、牙膏、清洁剂、护肤品、食品添加剂等。由于其巨大的实用性以及迷人的物理性质，软物质自 19 世纪中后期进入科学家视野以来，就不断吸引着来自物理、化学、力学、生物学、材料科学、医学、数学等不同学科领域的大批研究者。近二十年来更是快速发展成为一个高度交叉的庞大的研究方向，在基础科学和实际应用方面都有重大意义。

为了推动我国软物质研究，为国民经济作出应有贡献，在国家自然科学基金委员会-中国科学院学科发展战略研究合作项目"软凝聚态物理学的若干前沿问题"(2013.7—2015.6) 资助下，本丛书主编组织了我国高校与研究院所上百位分布在数学、物理、化学、生命科学、力学等领域的长期从事软物质研究的科技工作者，参与本项目的研究工作。在充分调研的基础上，通过多次召开软物质科研论坛与研讨会，完成了一份 80 万字的研究报告，全面系统地展现了软凝聚态物理学的发展历史、国内外研究现状，凝练出该交叉学科的重要研究方向，为我国科技管理部门部署软物质物理研究提供了一份既翔实又具前瞻性的路线图。

作为战略报告的推广成果，参加该项目的部分专家在《物理学报》出版了软凝聚态物理学术专辑，共计 30 篇综述。同时，该项目还受到科学出版社关注，双方达成了"软物质前沿科学丛书"的出版计划。这将是国内第一套系统总结该领域理论、实验和方法的专业丛书，对从事相关领域研究的人员将起到重要参考作用。因此，我们与科学出版社商讨了合作事项，成立了丛书编委会，并对丛书做了初步规划。编委会邀请了 30 多位不同背景的软物质领域的国内外专家共同完成这一系列专著。这套丛书将为读者提供软物质研究从基础到前沿的各个领域的最新进展，涵盖软物质研究的主要方面，包括理论建模、先进的探测和加工技术等。

由于我们对于软物质这一发展中的交叉科学的了解不很全面，不可能做到计划的"一劳永逸"，而且缺乏组织出版一个进行时学科的丛书的实践经验，为此，我们要特别感谢科学出版社钱俊编辑，他跟踪了我们咨询项目启动到完成的全过程，并参与本丛书的策划。

我们欢迎更多相关同行撰写著作加入本丛书，为推动软物质科学在国内的发展做出贡献。

主　编　　欧阳钟灿

执行主编　　刘向阳

2017 年 8 月

前　言

原子力显微镜从发明到现在已经有三十多个年头，其极高的成像分辨率和力学分辨率极大地改变了纳米技术、材料科学、化学和生物学的研究。基于原子力显微镜的单分子力谱 (简称为原子力单分子力谱) 技术更是被广泛用于界面相互作用、高分子力化学、生物分子间的动态结合与解离、蛋白质构象变化、细胞刚度、软物质材料的力学特性等多个领域中的测量。近年来，随着原子力显微镜在稳定性、时间分辨率、工作模式等多个方面变革性的进步，原子力单分子力谱的应用得到了进一步拓展，成为重要的分析测量工具。在原子力单分子力谱研究的初期，因样品制备、仪器搭建、数据采集、模型分析等涉及多个领域的知识，仅有少数实验室具备相应的研究条件。虽然原子力显微镜的商业化使得这一技术可以被更多实验室所应用，但如何训练学生，使他们全面深入地掌握相关方面的专业知识仍然极具挑战。一些较为细节的问题往往在专业文献中无法详细描述，一些相关的数据分析模型的物理背景在很多文献中也较少提及。为了让原子力单分子力谱技术被更多的科研人员所掌握，进一步推动国内软物质物理和生物物理的研究，我们基于本实验室近年来在这一领域的积累，在多名已毕业学生和现在学生的共同努力下编写了本书，希望能够对国内同行的研究有所帮助。

本书共 7 章，第 1 章主要概述原子力显微镜及单分子力谱技术，着重展示了这些研究工具的应用范围，并列举了一些可能的应用场景；第 2 章介绍几种与原子力单分子力谱互补的其他单分子力谱测量技术，希望能够对有意做相关研究的老师和学生在研究方法的选择上有所帮助；第 3 章具体介绍原子力显微镜的主要部件、工作原理、工作模式等，并结合实例介绍几种典型原子力单分子力谱测量的实现方式；第 4 章介绍基于单分子力谱的分子识别成像，并结合实例介绍这些技术在生物物理领域最新的应用进展；第 5 章详细介绍力谱技术所需要使用的常见化学修饰方法和表面处理方案，并提供一些可以直接借鉴的操作流程；第 6 章介绍力谱数据采集，包括探针的弹簧常数的校准方法、力谱的几种模式、力谱数据的噪声、漂移和修正以及单分子事件的判断依据等；最后一章介绍力谱数据分析的统计物理模型。这些章节几乎涵盖了原子力单分子力谱研究的所有方面，并包含了近年来最新的研究进展。随着时间的推移，本书内容难免落后于研究进展，我们将在后续版本中不断迭代更新。

参与本书编写的人员有李一然、王鑫、黄文茂。雷海、薛斌等负责全书校对等工作。张均生、马林杰、俞奕飞、梅岳海、邸维帅、马泉、刘景、张迪等研究生在插图绘制方面做出了很多贡献。本书的编写还得到了欧阳钟灿院士、王炜教授、秦猛教授等的指导和帮助,得到科学出版社钱俊编辑的倾力支持,在此一并表示深深的谢意!

由于作者的知识面和水平的局限以及时间的原因,书中不妥之处在所难免,敬请读者批评斧正。

曹 毅

于南京大学唐仲英楼

2020 年 8 月

目　录

丛书序

前言

第 1 章　原子力显微镜及单分子力谱技术概述 ·· 1

　　参考文献 ·· 5

第 2 章　几种单分子力谱测量平台 ··· 7

　2.1　基于磁镊的单分子力谱技术 ··· 7

　2.2　基于光镊的单分子力谱技术 ·· 11

　2.3　生物膜力学测量系统 ··· 15

　2.4　不同设备的联用 ··· 17

　　参考文献 ··· 20

第 3 章　原子力显微镜成像原理及其单分子力谱应用 ······························· 23

　3.1　原子力显微镜工作模式及其原理 ·· 23

　　3.1.1　压电陶瓷的工作原理与特点 ·· 24

　　3.1.2　位置传感器与闭环回路 ·· 26

　　3.1.3　样品扫描与探针扫描的两种设计 ··· 26

　3.2　探针 ·· 28

　　3.2.1　悬臂校准 ··· 29

　　3.2.2　液体中用于成像的针尖和悬臂 ··· 30

　　3.2.3　液体中悬臂的动力学 ··· 31

　3.3　原子力显微镜基本成像模式 ··· 32

　　3.3.1　接触模式 ··· 32

　　3.3.2　轻敲模式 ··· 34

　　3.3.3　基于力曲线的成像模式 ·· 35

　3.4　基于原子力显微镜的单分子力谱 ·· 39

　3.5　应用举例 ··· 42

　　3.5.1　利用针尖与目标分子间的非特异性相互作用进行力谱研究 ············ 42

　　3.5.2　利用针尖修饰的方法进行单分子力谱实验 ································· 47

　　参考文献 ··· 50

第 4 章　基于单分子力谱的分子识别成像 ·· 55

　4.1　分子成像识别的发展与基于力曲线的分子识别 ····························· 55

　4.2　基于峰值力轻敲模式或定量成像模式的分子识别成像 ·················· 60

　　　4.2.1　探针的选择与修饰 ·· 60

　　　4.2.2　接触力与接触时间的设置 ·· 62

　　　4.2.3　力加载速率的调整与分析 ·· 64

　　　4.2.4　成像时间的计算 ·· 67

　4.3　基于单分子力谱的分子识别成像的应用进展 ····························· 67

　　　4.3.1　分子级别高分辨成像与识别 ··· 67

　　　4.3.2　生物膜上的分子识别与动力学 ·· 69

　　　4.3.3　细胞表面分子识别与动力学 ··· 71

　　参考文献 ··· 75

第 5 章　衬底与探针的化学修饰 ··· 79

　5.1　化学修饰的设计原则 ·· 79

　　　5.1.1　单分子修饰实验需要考虑的基本问题 ································ 80

　　　5.1.2　化学反应选择的基本原则 ·· 81

　　　5.1.3　化学修饰的常用方法 ··· 83

　5.2　安全警示 ··· 86

　5.3　探针、衬底表面清洁与羟基功能化 ·· 86

　　　5.3.1　铬酸洗液方法 ·· 86

　　　5.3.2　食人鱼洗液方法 ··· 88

　　　5.3.3　紫外-臭氧清洗 ·· 90

　　　5.3.4　等离子体清洗 ·· 90

　　　5.3.5　金衬底与镀金探针的清洁 ·· 91

　5.4　探针、衬底表面功能化：分子偶联的第一步 ······························ 91

　　　5.4.1　硅烷化反应实现表面功能化 ··· 92

　　　5.4.2　乙醇胺对硅基表面功能化 ·· 95

　　　5.4.3　基于金—硫键的金衬底功能化 ··· 96

　5.5　双官能团分子 ·· 97

　　　5.5.1　同双官能团分子 ··· 97

　　　5.5.2　异双官能团分子 ··· 98

　　　5.5.3　双官能团长链分子 ·· 99

　5.6　常用化学偶联反应 ·· 101

　　　5.6.1　氨基与羧基偶联 ·· 101

　　　5.6.2　氨基与醛基偶联 ·· 104

　　　　5.6.3　巯基与双键偶联 ································· 105
　　　　5.6.4　环氧乙烷衍生物的选择性偶联 ················ 109
　　　　5.6.5　点击化学 ·································· 110
　　　　5.6.6　Staudinger 偶联反应 ······················· 111
　　5.7　基于蛋白质的生物偶联反应 ······················ 113
　　　　5.7.1　半胱氨酸偶联 ····························· 114
　　　　5.7.2　组氨酸标签 ······························· 115
　　　　5.7.3　Sortase A 连接 LPXTG 标签与 GGG 标签 ········ 116
　　　　5.7.4　OaAEP₁ 连接 NGL 标签与 GL 标签 ············· 118
　　　　5.7.5　SFP 连接 ybbR 标签与辅酶 A ················ 118
　　　　5.7.6　Halo-Tag 方法 ···························· 119
　　　　5.7.7　SNAP-Tag 方法 ··························· 120
　　　　5.7.8　异肽键方法 ······························· 121
　　　　5.7.9　非天然氨基酸方法 ························· 123
　　　　5.7.10　融合蛋白构建简介 ························· 124
　　参考文献 ······································· 125
第 6 章　力谱数据采集 ······························· 133
　　6.1　探针校准 ···································· 133
　　　　6.1.1　接触依赖方法 ····························· 133
　　　　6.1.2　不接触依赖方法 ··························· 135
　　6.2　力谱模式 ···································· 135
　　　　6.2.1　拉伸模式 ······························· 136
　　　　6.2.2　力钳模式 ······························· 139
　　　　6.2.3　重折叠模式 ······························· 141
　　　　6.2.4　自定义组合模式 ··························· 142
　　6.3　原子力显微镜力谱数据采集与修正 ·············· 142
　　　　6.3.1　力谱数据噪声 ····························· 142
　　　　6.3.2　漂移处理 ······························· 143
　　　　6.3.3　分子伸长修正 ····························· 144
　　　　6.3.4　黏滞力修正 ····························· 145
　　6.4　单分子事件判断与策略–力谱数据粗筛 ············ 147
　　　　6.4.1　统计学要求 ······························· 147
　　　　6.4.2　力谱数据粗筛 ····························· 148
　　　　6.4.3　单分子力谱检测效率 ······················ 149
　　参考文献 ······································· 150

第 7 章　力谱数据分析 ···································· 153

　　7.1　自由链与蠕虫链模型 ······························153

　　7.2　单分子力谱曲线链模型拟合与单分子事件判定 ·········159

　　　　7.2.1　拉伸模式力谱曲线的拟合 ·····················159

　　　　7.2.2　力钳模式下力谱数据的拟合 ···················161

　　　　7.2.3　特殊力谱曲线分析 ·························161

　　7.3　单分子力谱实验中的两态模型和转变态理论 ··········163

　　7.4　单分子力谱动力学谱分析 ·····················165

　　　　7.4.1　Bell 模型 ·······························167

　　　　7.4.2　其他模型 ··························169

　　参考文献 ···172

索引 ··174

第 1 章 原子力显微镜及单分子力谱技术概述

李一然 曹 毅

原子力显微镜 (atomic force microscope，AFM) 的发明是纳米技术史上的里程碑，给物理、化学、生物和医学等学科带来了全新的研究方法。这项技术通过控制作用在微小探针和样品之间的力来度量样品表面的特征 (图 1.1)。自发明短短一年时间，科学家就利用 AFM 获得了原子尺度的微观形貌 [1]。由于 AFM 不依靠电子束成像，其对待测样品以及测试环境的要求相较于电子显微镜要低得多。自此之后，这一技术开始被广泛应用于多种实验条件以及在广泛的温度范围内工作 [2-5]。AFM 相较于其他的微纳测量技术具有良好的信噪比并且有着非常高的分辨率。通过使用不同类型的探针，AFM 发展出适用于不同场景与实验样品的工作模式。AFM 的另一特点是可以在液体环境和复杂环境温度下工作，这一特性使得 AFM 可以在生理环境下观测活的细胞以及组织，丰富了人们研究生物大分子与细胞的实验手段 [3-7]。相较于荧光显微镜，AFM 成像的一大劣势在于其成像速度远低于光学显微镜。近些年，技术的革新使得 AFM 快速成像成为可能，高速成像 AFM 成功观测到肌球蛋白 V 以交叠方式沿肌动蛋白走行的过程，并且直接观测到肌球蛋白 V 与肌动蛋白的相互作用，记录下其杠杆臂摆动的过程 [7-10]。目前 AFM 已经发展出多种工作模式以适应小至核酸、蛋白质等微观生物分子，大至细胞、生物组织等宏观材料的观测需求。结合超分辨显微镜以及低温冷冻电镜等多种实验方法获得的高分辨图像，大量利用 AFM 研究表征生物体系的工作被报道出来，这些研究丰富了微观成像的方法和手段 [10-15]。

AFM 的核心部分是用来扫描样品的微型探针，一般通过纳米技术制造，由基底、悬臂、针尖三部分构成。针尖的直径通常只有十几纳米，位于悬臂的前端，可以感知非常细小的样品形貌。灵活的微悬臂可以检测出由样品微小结构变化引起的相互作用力的改变。悬臂微小的形变可以通过光杠杆放大，进而被光敏元件记录并反馈给计算机进行一系列后续的分析以及反馈调节。通常 AFM 将其扫描视野分为若干个像素点，在每一个像素点上，探针的运动行为都会被记录下来，以此构建出所测样品的拓扑表面形貌 (图 1.1)。

除了形貌结构，力也是微观物体物理性质的一个重要维度，它可以直接反映材料体系的机械强度以及力学稳定性，因此 AFM 还可以探测材料表面与探针间的

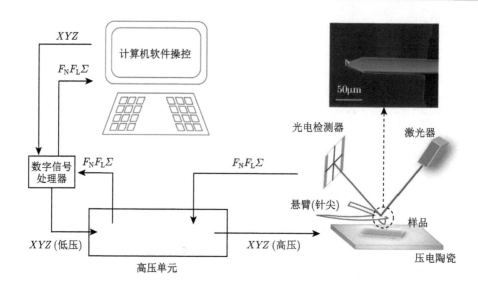

图 1.1   AFM 工作原理示意图

相互作用。通过力信号也可以间接获得物体微观形貌以及机械性能等信息。例如，在基于 AFM 的纳米压痕实验中，探针和样品直接接触，通过探针在样品表面上方往复运动获得表面特定位置的受力与形变之间的关系，基于合适的物理模型，即可获得材料丰富的力学信息。通过利用 AFM 探针与样品表面间的相互作用力，近年来 AFM 也被应用于生物样品的操控。我们通过在探针表面修饰功能化的化学基团来增强信号识别的特异性，从而可以区分样品表面的不同组分，进行特异性分子搬运以及生物大分子操纵等微观操作。目前，利用探针修饰技术，AFM 已经被用于操控和分离单个细胞、染色体、病毒、细胞膜、单个核酸分子和蛋白质分子等 [2,6,16,17]。AFM 对于生物体系的力学操作的应用潜力，引导着 AFM 成为纳米切割、收集与释放，生物大分子力修饰甚至动物细胞分裂控制的纳米工具 (图 1.2)[17−21]。

近些年，AFM 还被广泛用于单分子力谱研究，该方法极大地丰富了我们对分子内和分子间相互作用微观层面上的认识。AFM 探针尖端通常只有几十纳米，可以对单个分子进行操控。由于 AFM 皮牛级的力学分辨率和纳米级的距离分辨率，可以在分子尺度上对化学键、生物大分子、高分子进行力与形变的直接测量，从而获得这些分子的微观力学特性。力还可以改变一个化学反应的能量面，单分子力谱可以作为在微观层面上研究化学反应的重要工具。许多生化过程都与力相关，例如，力敏感离子通道的打开和关闭、蛋白质折叠、生物体内的信号识别、生物分子的相互作用与界面黏附等。在化学和材料领域，力化学也无处不在。研究表

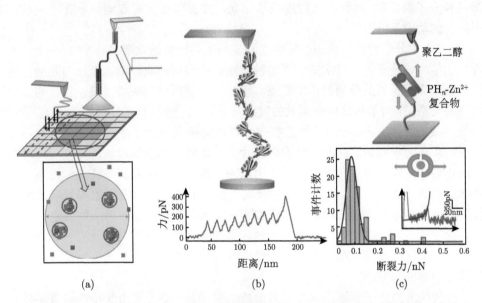

图 1.2　基于 AFM 的单分子力谱应用示意图。利用单分子力谱进行 (a) 力成像 (force mapping)、(b) 生物大分子构象研究和 (c) 分子特异性识别等研究

明，力既可以催化多种化学反应，还可以选择特定结构的反应产物。高分子间的相互作用力强度也与材料的多种机械性能 (如抗疲劳性能、韧性和自修复性等) 直接相关，在宏观层面可以通过表面力测量仪、力学实验机、球磨仪、超声等对分子施加作用力来研究力化学。这些方法的实验方案相对比较简单，但无法精确控制微观力的大小和方向。此外，受限于实验体系的复杂性，宏观测量所反映的是整个实验体系中所有参与反应成分的统计平均，无法直接得到化学反应的基本参数。材料中的缺陷、结构分布以及分子间的相互作用均会影响宏观测量结果。如何直接表征、测量单个结构单元的力学响应成为化学家、物理学家以及材料学家新的研究热点。而单分子力谱的出现为回答这些问题提供了重要的工具。本书将主要聚焦于 AFM 单分子力谱技术，对其他单分子力谱技术，如磁镊和光镊等仅做简单介绍。

　　单分子力谱每次只直接观测单个分子的力学行为变化，它有着很多传统观察大数分子方法所不具备的优势 [22]，可以实现对全部可观测事件的追踪测量从而发现目标分子的一些特殊行为特性，而在传统的宏观测量中，这些信号往往被大数分子的行为所隐藏 [23]。在单分子层面，分子构象的热力学涨落会极大地影响每次测量事件的力的大小，通过力信号值的分布图可以重构该过程的能量面。单分子力谱可以在平衡态进行测量，也可以在非平衡态进行测量，对力谱信息的解读也催生了单分子非平衡统计物理的发展。单分子力谱的另一个优势是可以把力学测量和分子的结构/构象变化直接联系起来，并且可以实时观测分子在不同状态下转变的动力学信息。

AFM 单分子力谱正成为生物物理和生物力学研究的重要工具 [24]。例如，在近二十年，单分子力谱技术揭示了多种膜蛋白的结构形成、动态变化与功能之间的关系，揭示了相关药物的作用靶点，研究了这些蛋白的失稳、错误折叠与疾病之间的关系，推动了药物研究领域的发展 [24,25]。又例如，对肌联蛋白 (titin)[27] 和纤维连接蛋白 (fibronectin)[28] 这类弹性蛋白的研究揭示了生命体在分子和细胞层面的微观力学机制。这些弹性蛋白包含多个串联的球形蛋白域，可在受力时发生解折叠从而耗散能量，并且可以在力撤去时重新折叠恢复其本征力学性质。这种非线性的"分子弹簧"机制可以解释人体组织的延展性以及细胞与基质的超强黏附。通过将单个细胞固定在 AFM 探针上，AFM 还可以在活细胞上进行单细胞力谱测量。这一方法可以快速直观地研究细胞与细胞外基质以及人工合成生物材料的相互作用行为，细胞膜上单个受体分子与配体的结合解离，以及细胞对力学信号的响应等 [29,30]。

在传统的高分子领域，单分子力谱技术也是表征高分子力学特性的重要技术手段。通过测量单根高分子的力学拉伸曲线，可获得高分子本身的持续长度、轮廓长度等基本力学信息，而这些参数与高分子单体的化学特性和短程相互作用直接相关。单分子力谱技术还被用于力化学的研究。通过单分子力谱，可以精确测量单个化学键的力学强度，研究力响应基团 (mechanophore) 在受力下发生化学反应的分子机制，并借助物理模型定量刻画化学反应的动力学参数以及自由能面。这些研究对深入理解力化学的物理机制，设计合成新型力响应基团具有重要意义。

总之，AFM 单分子力谱技术已经成为重要的单分子研究方法，在物理、化学、生物及医学等领域具有广泛的应用前景。近些年，单分子力谱技术得到了进一步发展。仪器的稳定性、通用性和测量精度不断提高，大多数原子力显微镜已经具备力谱功能，极大地促进了这一方法的普及。此外，新的样品制备方法、探针的化学修饰方法和指纹谱的构建极大地拓展了单分子力谱的应用范围。单分子力谱的应用涉及物理、化学、生物、材料等多个学科的知识，目前还没有针对这一技术的较为全面的书籍。针对这一现状，著者与多名在该领域有着丰富研究经验的专家一起，合著了本书。在接下来的章节中我们将详细介绍目前主要的单分子力谱测试平台，基于 AFM 技术的单分子力谱的实验准备、测量、数据分析、相关的高分子物理模型以及具体的科研实践举例。希望本书能够为从事单分子力谱研究的科研工作者提供参考，为对该研究方向感兴趣的学者提供指引，为有意进入该研究领域的学生提供较为全面的学习资料。

参 考 文 献

[1] Binnig G, Quate C F, Gerber C. Atomic force microscope. Phys Rev Lett, 1986, 56(9): 930-933.

[2] Binnig G, et al. Atomic resolution with atomic force microscope. Europhysics Letters (EPL), 1987, 3(12): 1281-1286.

[3] Gerber C, Lang H P. How the doors to the nanoworld were opened. Nature Nanotechnology, 2006, 1(1): 3-5.

[4] Drake B, et al. Imaging crystals, polymers, and processes in water with the atomic force microscope. Science, 1989, 243(4898): 1586.

[5] Radmacher M, Tillmann R W, Gaub H E. Imaging viscoelasticity by force modulation with the atomic force microscope. Biophys J, 1993, 64(3): 735-742.

[6] Horber J K, Miles M J. Scanning probe evolution in biology. Science, 2003, 302(5647): 1002-1005.

[7] Müller D J, Dufêne Y F. Atomic force microscopy as a multifunctional molecular toolbox in nanobiotechnology. Nature Nanotechnology, 2008, 3(5): 261-269.

[8] Ando T, et al. A high-speed atomic force microscope for studying biological macromolecules. Proc Natl Acad Sci U S A, 2001, 98(22): 12468-12472.

[9] Ando T, et al. A high-speed atomic force microscope for studying biological macromolecules in action. Chemphyschem, 2003, 4(11): 1196-1202.

[10] Kodera N, et al. Video imaging of walking myosin V by high-speed atomic force microscopy. Nature, 2010, 468(7320): 72-76.

[11] Muller D J, Dufrene Y F. Atomic force microscopy: a nanoscopic window on the cell surface. Trends Cell Biol, 2011, 21(8): 461-469.

[12] Hansma H G, Hoh J H. Biomolecular imaging with the atomic force microscope. Annu Rev Biophys Biomol Struct, 1994, 23: 115-139.

[13] Hinterdorfer P, Dufrene Y F. Detection and localization of single molecular recognition events using atomic force microscopy. Nat Methods, 2006, 3(5): 347-355.

[14] Ando T, Uchihashi T, Kodera N. High-speed AFM and applications to biomolecular systems. Annu Rev Biophys, 2013, 42: 393-414.

[15] Dufrene Y F, et al. Multiparametric imaging of biological systems by force-distance curve-based AFM. Nat Methods, 2013, 10(9): 847-854.

[16] Garcia R, Proksch R. Nanomechanical mapping of soft matter by bimodal force microscopy. European Polymer Journal, 2013, 49(8): 1897-1906.

[17] Roos W H, Bruinsma R, Wuite G J L. Physical virology. Nature Physics, 2010, 6(10): 733-743.

[18] Oesterhelt F, et al. Unfolding pathways of individual bacteriorhodopsins. Science, 2000, 288(5463): 143-146.

[19] Kufer S K, et al. Single-molecule cut-and-paste surface assembly. Science, 2008, 319(5863): 594-596.

[20] Braunschweig A B, Huo F, Mirkin C A. Molecular printing. Nat Chem, 2009, 1(5): 353-358.

[21] Cattin C J, et al. Mechanical control of mitotic progression in single animal cells. Proc Natl Acad Sci U S A, 2015, 112(36): 11258-11263.

[22] Borgia A, Williams P M, Clarke J. Single-molecule studies of protein folding. Annu Rev Biochem, 2008, 77: 101-25.

[23] Basche T, Nie S, Fernandez J M. Single molecules. Proc Natl Acad Sci U S A, 2001, 98(19): 10527, 10528.

[24] Muller D J, Dufrene Y F. Atomic force microscopy as a multifunctional molecular toolbox in nanobiotechnology. Nat Nanotechnol, 2008, 3(5): 261-269.

[25] Dobson C M. Protein folding and misfolding. Nature, 2003, 426(6968): 884-890.

[26] Muller D J, Wu N, Palczewski K. Vertebrate membrane proteins: structure, function, and insights from biophysical approaches. Pharmacol Rev, 2008, 60(1): 43-78.

[27] Rief M, et al. Reversible unfolding of individual titin immunoglobulin domains by AFM. Science, 1997, 276(5315): 1109-1012.

[28] Smith M L, et al. Force-induced unfolding of fibronectin in the extracellular matrix of living cells. PLoS Biol, 2007, 5(10): e268.

[29] Helenius J, et al. Single-cell force spectroscopy. J Cell Sci, 2008, 121(11): 1785-1791.

[30] Sun M, et al. Multiple membrane tethers probed by atomic force microscopy. Biophys J, 2005, 89(6): 4320-4329.

第 2 章　几种单分子力谱测量平台

李一然

单分子力谱的核心是对单个分子进行操控，并且获得足够精确的力和距离的信息。除了第 1 章介绍的原子力显微镜外，单分子力谱也可以通过多种方式来实现 [1-15]。这些设备基于不同的物理原理，也适用于不同的应用场景。目前比较常用的单分子力谱测量平台包括原子力显微镜、磁镊 (magnetic tweezer，MT)、光镊 (optical tweezer，OT)、生物膜力学探针 (biomembrane force probe，BFP) 系统等。这些不同平台的单分子力谱技术的分辨率、测试范围、测量对象和方法也不尽相同。表 2.1 整理了几种单分子测量平台的典型测量参数和应用范围。本章将主要介绍磁镊、光镊、生物膜力学测量系统的发展历史、工作原理以及具体的应用实例。基于原子力显微镜的单分子力谱将在第 3 章进一步详细介绍。

表 2.1　几种单分子测量平台的典型测量参数和应用范围

	AFM	OT	MT	BFP
力学分辨率/pN	1	0.01	0.01	1
空间分辨率/nm	0.1	0.1	1	3
时间分辨率/s	10^{-6}	10^{-6}	10^{-3}	0.5
稳定性	良好	良好	极高	良好
力学测量范围/pN	$1\sim10^4$	$0.1\sim100$	$0.01\sim100$	$1\sim1000$
空间测量范围/nm	$0.5\sim10^4$	$0.1\sim10^5$	$1\sim10^4$	—
力加载速率范围/(pN/s)	$10\sim10^6$	$0.01\sim10$	$0.1\sim100$	$10^{-2}\sim10^3$
应用范围	蛋白质折叠与解折叠；力化学；接触力学等	蛋白质折叠与解折叠；DNA/RNA折叠等	高通量测量；DNA 拓扑学；旋转扭力三维操纵	生物分子识别；细胞间相互作用等；测试

2.1　基于磁镊的单分子力谱技术

利用磁场来研究生物物理问题最早可以追溯到 20 世纪 20 年代。1923 年 Freundlich 与 Sifriz 将磁性颗粒嵌入细胞中，并通过改变外加磁场强度梯度来控制磁珠的运动以测量细胞的流变特性。1949 年，剑桥大学 Francis Crick 和 Arthur Hughes 发明了 "磁珠方法"。这种方法先使细胞吞噬小的磁珠，并在培养液中持续培养细胞使其正常生长。磁珠可以在外磁场的操纵下穿行于细胞器之间，通过光学显微镜可以观察到磁珠的运动行为和位置状态。通过这些信息，Francis 得到了细胞质的各种物理性质。虽然他们用到的测量方法和数据解析还有一些争议，但是他们的工作开创了磁场和磁珠在生物物理学中的应用，并且启发了一系列在活体细胞中利用磁场测量力学性质的研究 [3]。20 世纪 90 年代，科学家们将 DNA 分子连接在磁珠和玻璃板中间，通过改变磁珠上方磁体的高度，从而控制磁珠的位置并向 DNA 分子施加相应的拉力。除了直接改变磁珠的高度变化测量 DNA 分子力与距离的关系或者观测磁珠的布朗运动之外，通过旋转磁体带动磁珠转动，还可以给 DNA 施加扭力，通过观察 DNA 分子扭转时的行为从而进一步推测 DNA 分子的拓扑结构。从此，磁镊成为研究生物大分子或聚合物分子的结构以及力学性质的有力工具 [3,4]。

近些年，磁镊在生物物理中的应用又有进一步发展。2002 年，磁镊发展出同时追踪多个磁珠的技术，这个技术的发展使得磁镊成为高通量测量相互作用的有力工具 [5]。2005 年，Claudia 等将磁珠表面修饰上分子受体，玻璃基板上修饰相应的供体。通过操控磁珠位置变化，研究供体–受体解离力的大小 [6]。在 2007 年，Kollmannsberger 与 Fabry 发明了一种新的利用磁场操纵单个细胞的方法。这种方法将磁珠黏附在细胞外基质上，通过操控细胞膜外的磁珠位置，来观测细胞结构的弹性行为 [7]。此方法除了用于研究细胞结构弹性，还可用于研究流变、细胞内泌蛋白等 [8]。

图 2.1 是磁镊结构原理示意图。图中样品池部分是磁镊测试的核心部分，超顺磁磁珠通过双端功能化的 DNA 或高分子连接在样品池底部 [9]。在一些科学实践中，仪器上部的永磁体提供牵引磁珠的拉力或者旋转 DNA 的扭力。永磁体通过压电陶瓷、电动马达带动，可以实现几纳米至几百微米范围的距离控制。磁体可以根据不同实验需求来选择不同的安装方式。在搭设磁镊测量平台前，首先要考虑到的问题就是磁场。由于施加在磁珠上的作用力是与磁场线梯度相关的，并且磁力的方向是指向磁场变强的方向，因此磁体的选择以及安装方式直接影响了磁镊的实验性能。磁镊中通常设置一对磁体，一些磁镊中也会用到环形磁体。通过这种设计，磁体施加在下方磁珠的作用力会垂直指向两个磁体中间的空隙 (如图 2.1 左半部分)。一般情况下，2.8μm 的磁珠在钕铁硼永磁体下 1mm 会受到约 20pN 左右的力 [10,11]，这个力的大小足够支持大多数的单分子力谱实验。此外，还可以通过使用大号的磁珠、缩短磁珠–磁体间的距离以及优化磁体间空隙等方法提高磁珠受到的磁力。然而这种提高牵引力的方法也是需要牺牲其他测量特性的。例如，大磁珠本身会受到更大的热扰动，会给整个测量体系带来额外的干扰，降低磁镊测量的空间分辨率 [12]。

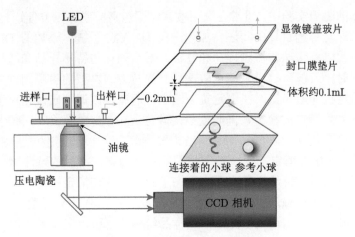

图 2.1 磁镊结构原理示意图

磁珠的空间运动行为通过实时的电荷耦合器件 (charge coupled device，CCD) 或具有更快响应速度的互补金属氧化物半导体 (complementary metal-oxide-semi-conductor，CMOS) 相机记录，并通过计算机进行分析、反馈。通常为了避免仪器机械漂移对磁珠位置测量的影响，在实验体系中会设置两种磁珠，一种通过目标 DNA、高分子连接到基板上，另一种直接固定在基板上作为参照。通过这样的设置，观测磁珠的位置变化会更加直接。由于磁珠的直径与入射光的波长相近，故而磁珠的图像会产生明显的衍射斑。对磁珠位置变化的追踪正是通过分析磁珠衍射斑的变化而确定的 (图 2.2)。此外，一些磁镊还使用相干光源来增强衍射斑从而提高对磁珠位置的追踪精度。在实验开始前，需要对磁珠位置进行校准。校准工作是通过给磁珠施加一个较大的力 (减小磁铁–磁珠之间的距离)，磁珠由于受到牵引力的影响，其受热扰动幅度会减小，此时调整物镜位置以获得清晰的磁珠衍射图样，在记录了一系列的磁珠位置与相对应的磁珠衍射图样后，这些信息会进一步处理并生成一个关于磁珠远离焦平面过程中磁珠受力 (通过蠕虫链等物理模型计算得出) 与磁珠热扰动情况的一条参照曲线。在后续的单分子测试中，测试样本连接在磁珠和基板中间，通过参考参照曲线中磁珠的受热扰动情况来确定磁珠受力，磁珠的位置信息同样由磁珠的衍射图样来确定，通过以上技术手段，就可以校准、确定磁珠在不同时刻的受力和位置关系，进而可以分析被测样品的力学稳定性以及拓扑结构信息。

图 2.2 磁镊磁珠不同位置的衍射图样

在具体的磁镊实验中，通常会选用被官能团包裹的磁珠以方便连接待测目标。此外，在磁珠与待测目标中间还会加入一段 DNA 分子链。添加的 DNA 分子链可以作为垫片隔离磁珠与待测样品和基板，减少磁珠与待测样品和基板的非特异性吸附。同时，长链可以用来标定磁珠受到的拉力。典型的磁镊测试方法有恒定拉力法与恒定拉伸速率法。在恒定拉力法中，通过反馈调节磁铁相对于磁珠的位置以使磁珠受到恒定的拉力，同时观察磁珠位置 (待测样品长度) 随时间的变化，待测样品长度变化即代表样品的空间结构发生改变。由于恒定拉力法中磁珠 (待测样品) 受到的拉力恒定不变，整个体系处于平衡态，所以通过测试一系列不同的拉力，就可以得到待测样品在不同状态下的寿命。在恒定拉伸速率法中，牵引磁珠的速率或施加在磁珠上的力加载速率 (loading rate) 恒定不变。在该方法中，施加的拉力既可以逐渐增大以打断待测样品结构，也可以慢慢减小以使待测样品恢复到不受力的状态。通过拉伸–恢复–再拉伸的循环过程，可以推断出待测样品的重结合能力。这一方法可以快速测定待测样品的结构信息以及力学稳定性，通过测试一系列不同的力加载速率，借助 Bell-Evans 模型，还可以推断出待测结构的动力学参数。当施加在磁珠上的力加载速率足够小时，拉伸或恢复的过程可以认为是准静态的。在磁镊测试中，通常会结合上述两种方法来系统了解待测样品的热动力学性质。磁镊可以保证在几个甚至十几个小时的时间范围内，稳定追踪单分子信号，特别是对于力学稳定性较高的生物力学单元，磁镊这一特性为研究长时间尺度下的分子力学性质提供了可能。

相比于其他单分子实验方法，如光镊和原子力显微镜等，磁场相互作用有着高度的特异性，即在整个体系中，只有超顺磁微磁珠才能被操控。除此之外，磁镊所用到的磁场强度并不会影响一般生物样品的结构与性质，磁镊还可以同时操作、追踪多个磁珠，从而实现高通量的测量。而光镊中所用到的激光束可能会因为折射率的原因被生物样品中的其他物质干扰。除折射率干扰等问题，激光还会造成一些样品的光损伤，同时激光也会加热样品，造成样品热损伤。基于原子力显微镜的单分子力谱中，如何区分探针与基板的非特异性相互作用是该方法的一大难点。然而磁镊本身也有缺点。由于磁镊需要靠光学手段追踪磁珠的位置变化，所以磁镊时空分辨率受限于光学系统的分辨极限。随着近些年发展出的高分辨、高速摄像机，磁镊的空间分辨率已经可以达到埃 (10^{-10}m) 的级别。中国科学院物理研究所李明研究员带领的团队提出并应用单分子荧光光谱方法，以原位单个生物大分子动态行为的精密测量为基础，解析复杂开放生命界面多个体的动力学行为，发明了高精度的适用于蛋白质机器复杂运动行为的观测方法，解决了直接在亚纳米尺度上对单分子的运动和状态变化进行实时精确测量这一难题。例如，他们团队及其合作者开发的微纳张力器技术，将单分子荧光共振能量转移的实际测量精度提高到 0.2nm，使碱基尺度 (~0.34nm) 以下的空间运动细节的观测成为可能,有效突破了蛋白质与核酸相互作用测量的瓶颈,并结合该技术较高的时间分辨率 (ms 级),系统解决了柔软单链涨落带来的测量难题 [13-15]。对于使用永磁体的磁镊,其三维可操纵性略逊色于其他技术。尽管磁镊有着独一无二的可以带动样品旋转的能力,但是大的外加扭力并不能直接观察旋转和扭力的产生过程。此外,磁镊的带宽和灵敏度受到图像探测器的限制,这使得磁镊很难直接探测非常快速的过程或是非常小的结构变化。使用电磁铁的磁镊可以进行三维空间中的操作,但是需要复杂的反馈控制单元,并且结合反馈控制单元的磁镊的灵敏度还达不到其他单分子测试设备的水平。此外,电磁铁产生强磁场和大的磁场梯度需要很大的电流,大电流除了会产生大量的热之外,还会产生一系列堆叠的小磁极。这些磁极会影响磁镊的稳定性,对实验结果造成不好的影响。纵然如此,使用电磁铁操控的磁镊随着技术和相关理论的发展,仍有较大的发展潜力。

磁镊除了在竖直方向施加磁力外,还可以在水平方向施加磁场力,即横向磁镊 (transverse magnetic tweezer, TMT),此时生物分子的伸长方向平行于镜头焦平面。在传统的磁镊设计中,DNA 或生物大分子样品由于受到竖直方向的磁力牵引,其空间结构的伸长方向垂直于镜头焦平面,这种特性使得纵向磁镊对于生物样品的构型、构象变化只能通过磁珠的位置变化来推测。而横向拉伸的磁镊,生物样品受到水平方向的磁力牵引,样品的长度伸展平行于镜头焦平面,这样就可以借助荧光标记的方法,同时观察磁珠的位置变化和生物大分子构象变化,进一步拓展了磁镊与其他测量方法联用的可能。横向磁镊的另一个优势在于可以在较大范围内操纵、测量样品分子,适合在大的空间尺度内拉伸诸如肌动蛋白微丝、染色体等生物大分子。由于横向磁镊是通过记录磁珠水平位置的变化来测量生物样品结构的改变的,所以其距离分辨率较差。此外,横向磁镊也可以施加扭力,并且可以同时观测施加扭力过程中,样品分子伸展长度的变化和其构象变化 (利用荧光共振能量转移等技术)[16,17]。

2.2 基于光镊的单分子力谱技术

光镊一开始被称为单光束梯度力阱,顾名思义,它是利用强聚焦激光束产生的光压将介电物体束缚在光强最强的地方的精密科学测量仪器。根据物体及其周围环境相对折射率的不同,光束产生的力可以像镊子一样钳住样品,甚至移动微小物体 (图 2.3)。梯度光场可以通过高数值孔径的物镜来获得。由于光的衍射极限,理论上小于或者接近光波长的粒子较难操控,但利用金属纳米结构的表面等离子体共振可突破衍射极限,操控更小的纳米粒子。近些年来光镊成功地用于研究生物系统,在蛋白质结构变化及相互作用、DNA 构象变化、分子马达的运动机制以及生物信号分子转导等基础研究中发挥着重要作用。1970 年,贝尔实验室的亚瑟·阿斯金 (Arthur Ashkin) 首次研究了光衍射和梯度力对微米尺度粒子的影响[18]。随后,Ashkin 和他的同事们继续展开相关研究,并首次观察到强聚焦光束可以在三维尺度上固定住微米尺度的小物体。20 世纪后期,Ashkin 和约瑟夫·齐耶季奇 (Joseph M. Dziedzic) 成功将光镊用于生物系统的测量中。他们用光阱固定住了单个烟草花叶病毒和大肠杆菌[19]。随后,Carlos Bustamante、James Spudich 和 Steven Block 等科学家应用基于光镊的单分子力谱技术在分子尺度研究了生物分子马达等相关问题。这些分子马达在生物系统中有着很重要的作用,对于细胞迁移、机械运动以及外界信号响应都发挥着重要作用。光镊的研发使得生物物理学家可以在单分子尺度上观测这些分子马达的动力学过程。基于光镊的单分子力谱技术的出现深化了人们对这些分子马达随机动力学方面的理解。除了在生物力学领域,光镊在其他生命科学研究中也起着重要作用。它们被应用到合成生物学中,用于合成人工组织并且促使人工合成的细胞膜进行融合以启动生化反应[20]。在 2003 年,光镊技术被用于细胞筛选,通过在样品区域建立一个大的光学图案,根据细胞自身的光学特征,可以进行细胞筛选 (optical peristalsis)[21]。光镊技术还被用于探测细胞骨架、测量生物膜结构的黏弹性以及研究细胞运动性[22-24]。2018 年,Ashkin 因其发明光镊及光镊在生命科学领域中的重要应用[25] 获得了诺贝尔物理学奖。

图 2.3　光镊示意图

光镊的基本原理可从光的粒子性角度进行解释。当光线照射到物体表面时,会对物体产生压力,即光压,通常情况下这个力非常小,对于宏观物体很难被感知到,对于一些较小的物体,则会产生可观测的力学作用效果。而在一些特定情况下,光还会制造"陷阱"束缚住微小颗粒,即光会对物体产生拉力,拉力的中心通常被称为光阱或势阱。当光线斜入射微粒时,由于微粒与介质折射率不同,光线会发生偏折 (图 2.4)。这时光线有了一个向下的动量,根据动量守恒,微粒必须产生一个反方向的动量,这个动量会将微粒吸引至光线中心;如果微粒在光线轴线但不在光束焦点上,此时微粒就相当于透镜,会将光束会聚。会聚的光子动量将比原系统大,此时小球会向光线传播的反方向运动以保证动量守恒。这个反向动量会将微粒"拉"至光线焦点;如果焦点在微粒内部,微粒的折射作用会使光线发散,而发散的光线动量小于原系统,此时微粒会产生一个反向的动量,这个

动量会将微粒 "推" 回焦点位置。由此可见，激光束的焦点就像 "陷阱" 一样，牢牢地将微粒束缚在焦点中心，通过改变光束焦点的位置，从而实现对微粒的控制。建立一个可以捕捉微粒的光阱之前，我们需要三个部件：激光光源、光学器件和检测器。光源提供制造光阱的激光，光学器件将激光会聚在一点形成 "光腰"，并且光学器件的位置需要可调节以对光阱、微粒的位置进行操控。在一般的光镊设计中，光阱由两组发射方向相对、焦点重合且强度相同的激光光源构建而成。探测器负责检测激光位置的变化，激光位置与初始位置之间距离的变化与光阱施加在微粒上的力呈线性关系。

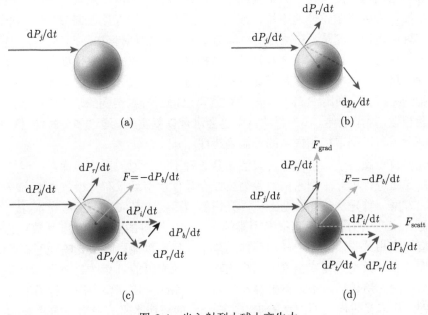

图 2.4　光入射到小球上产生力

目前光镊主要有两种主流设计：一种是双光路单光阱设计，生物分子一端连接在由光阱操控的光珠上，另一端连接在毛细玻璃管操控的光珠上。通过毛细玻璃管拉伸光珠，可对生物分子施加作用力，而力的大小可以通过对另一光珠在光阱中的偏移进行测量。另一种设计是双光阱设计，这种设计的光镊平台有两个单光路光阱，每一个光阱控制一个光珠，通过激光同时实现对光珠的微操控和力的测量 [26,27]。

同磁镊实验一样，在光镊实验中的微粒同样被官能团包裹以方便后续连接待测样品。在光镊实验中通常会使用微流腔，这样可以在观测的同时进行液体或样品交换。与磁镊实验设计类似，在光镊实验中也会利用长链 DNA 连接待测样品与微粒。在双光阱光镊中，通常采用不对称设计，即两个微粒采取不同官能团修饰的策略。这样可以避免待测分子链同时连接在同一个微粒上的情况，提高实验效率，同时也可以增强待测样品修饰过程的特异性，保证观测到的力信号来源于待测分子结构的变化。这种非对称设计也极大地方便了实验样品的制备。例如，在将 DNA-待测分子系统连接在微粒的步骤中，通常将一种官能团的微粒冲入微流腔中，并用光阱俘获一个微粒并固定。接下来在微流腔中加入 DNA-待测分子，DNA-待测分子的一端与被俘获的微粒反应，连接在微粒上。随后冲洗微流腔，移除未反应的待测分子。接下来再加入另一种官能团包裹的微粒，并利用另一束光阱俘获一个微粒并操纵微粒靠近上一步反应好的微粒，使待测样品连接在新的微粒表面。通过这样的操作，大大提高了样品修饰的特异性以及实验效率。在光镊测试中通常采用恒定拉伸速率法，通过在光镊系统中加入反馈调节系统，光镊也可以实现恒定拉力测量。在恒定的拉伸速率 (力加载速率存在) 下，随着施加拉力的增大，待测样品的结构逐渐被打开，结构打开所释放的隐藏长度会引起力信号的跳变，这个跳变即样品被打开或解折叠的特征力。统计不同的力加载速率下待测结构的特征力，利用 Bell-Evans 模型就可以得到待测结构的动力学参数。与磁镊实验相似，除了拉伸，在光镊测试中也会进行恢复实验，通过多个拉伸–恢复–再拉伸循环，可以测定待测样品的可恢复特性。

　　光镊有着高力学分辨率、可灵活测量各种不同类型的系统等优点。但是在具体使用光镊进行单分子测量前，也需要结合具体使用场景和光镊自身特点综合设计实验方案。首先从仪器构造上讲，光镊的诸多优点其实来自于激光本身，然而利用激光来产生力是会伴随很多困难的。例如，光阱的强度 (劲度系数) 是与光场强度梯度相关的，光路中任何部件的微小干扰都可能影响激光的强度或者激光的强度分布，激光强度或强度分布变化则会降低光镊的可靠性。因此，如果要得到高分辨的光镊数据，不仅需要高质量的光路系统，还需要干净的样品溶液。特别是在进行多光阱同时追踪实验中，对操作者的操作水平有着很高的要求。同时，激光干涉以及光束的非理想行为 (non-ideal behavior of the beam steering optics) 会导致诸如假光阱或错误位置信息等假象。

　　除此之外，基于光镊的单分子力谱测试系统本身还缺乏对微粒的选择性和错误目标的排除性，对于靠近激光焦点处的任何电偶极微粒都会被光阱俘获，同时也会发生一个光阱俘获多个微粒的现象。因此在实际光镊的操作中，样品的浓度通常需要设置得非常低以减少微粒聚集等现象。此外，对于细胞的操作需要更加注意。细胞提取物或培养基通常含有大量杂质，在进行光镊测试前需要对液体环境进行过滤或纯化。光镊系统中激光焦点处的光强非常大，通常为 $10^9 \sim 10^{12} W/cm^2$。如此大功率的激光会在焦点处产生大量的热。粗略估计，对于利用 1064nm 波长的激光在水环境中俘获透明的电偶极微粒，激光功率每提高 100mW，样品池中的温度会上升 1℃[28-30]。对于一些特征吸收峰与所用激光波长相近的微粒，其热效

应会更加明显 [31]。局域温度升高会影响酶和蛋白的生物活性并且会改变介质的
黏弹性，除此之外，温度梯度还会产生对流效应，会对单分子测试产生较大影响。

另一方面，在进行光镊实验前，还需要考虑激光对样品的光损伤。大多数光镊
选用近红外激光从而减小光损伤，但是近红外激光会产生氧自由基或活性氧，可
能会对实验样品造成潜在的损伤 [32]。在光镊测试中，我们可以通过向样品池中
加入除氧剂 (如酶清洗系统) 或者向反应体系中充入惰性气体以代替存留的氧气。
对于活的生物样本 (如真核生物或大肠杆菌等)，使用 830nm 和 970nm 波长的激
光可以最大限度地减小光损伤 [29,33]。除此之外，光镊是一套十分复杂的、可以提
供稳定可控的力加载和位置探测的集成系统，其制造成本十分高昂。目前一些商
业化的光镊产品已经可以基本满足微粒操控等实验要求。但是对于需要精密测定
位置变化和控制动态位置或需要特殊操作 (如旋转等) 的一些单分子实验，商业化
的仪器还不能满足要求。

综上，光镊是一套有着超高力学分辨率的单分子操控设备。它是其他单分子
设备的重要补充。另外，即使对于同一套体系，AFM 系统中不同劲度系数的探针
也可能探测出不同的单分子实验结果。单分子力谱实验仍有很多未知的领域及问
题等待着科学家去探索发现。

2.3　生物膜力学测量系统

Evans 等在 1995 年发明了一种在生物界面上简单测量力相互作用的方法 [34]。
这项技术通过一个力传导器 (通常为细胞大小，如囊泡、脂质体或红细胞) 向待测
样品施加并测量拉力或压力。力的传导器一端通常由一个负压的毛细管吸附固定，
另一端利用化学键交联一个小球 [35,36]，如图 2.5 所示。在这个小球上可以特异性

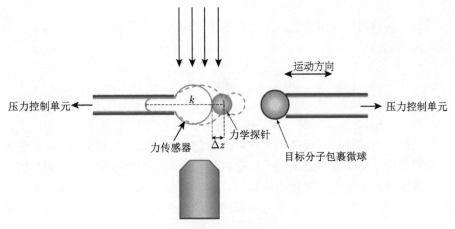

图 2.5　BFP 系统示意图

地修饰我们需要研究的蛋白或其他与目标相互作用的分子。借助于高分辨光学显微镜，我们可以很清楚地观测到受力状态下细胞和力传导器的状态及形状变化。

　　相比于光镊、磁镊以及 AFM，BFP 系统的另一个优势是可以提供非常小的力加载速率。动态力学谱方法研究生物系统反应路径以及能量面是基于解离力与力加载速率之间的关系，而 AFM 或光镊、磁镊等单分子测试工具所能提供的力加载速率范围通常有限，有些方法并不能涵盖生物体在生理条件下正常运动所产生的力加载速率范围 [34,37]。生物膜力学测量系统可以提供其他单分子测量手段所不能达到的力加载速率范围。例如，BFP 系统中的力学探针的劲度系数范围在 $10^{-2} \sim 10^3 \mathrm{pN/nm}$[38]，与 AFM 不同，BFP 系统的探针可以在测量过程中根据需要随时更换，而 AFM 实验一旦设置好，则不能任意更换探针。

　　BFP 的出现极大地丰富了微观力学测试手段，由于其使用过程中不需要激光，其光毒性要远小于光镊。此外，BFP 系统在实验体系中使用了较柔软的毛细管和力传导器，它的测量精度和低力加载速率表现要优于 AFM，是研究细胞力学的重要工具之一。

　　Evans 等发明了竖直和水平两种不同模式的 BFP 系统，竖直模式的 BFP 系统常用于测试在低的力加载速率下的弱相互作用，其典型的施力范围在 0.2~0.5pN；水平模式的 BFP 系统主要用来测量大的力加载速率下的较强的相互作用 [35]。BFP 系统的力学测量部分主要靠毛细管和力传感器完成：如前文所述，力传感器主要使用细胞膜或囊泡，并被负压毛细管固定。毛细管的运动是通过压电陶瓷精确控制的，负压毛细管连接压力控制器，可以精确、稳定地提供 $1\mathrm{\mu atm} \sim 0.1\mathrm{atm}$①的负压，通过毛细管内的压力可以推算出力传导器膜表面的张力 τ_m。这样力传感器就相当于一个弹簧，小球受到的平行于毛细管的拉力或推力 (f) 就正比于力传感器的形变量 (Δz)，比例系数 k_f (力传感器硬度) 可以由力传感器的张力 τ_m 确定。

　　假设力传感器膜为流体膜，那么其在毛细管外面部分的张力处处相等，具体关系可由式 (2.1) 给出

$$\tau_\mathrm{m} = P \frac{R_p}{2\left(1 - \dfrac{R_p}{R_0}\right)} \tag{2.1}$$

其中，R_p 和 R_0 分别为毛细管和毛细管外力传感器的半径 [39,40]。在轴向上，力传感器的硬度与其弹性系数间的关系可以简化为 $k_\mathrm{f} \sim 2\tau_\mathrm{m}$。因此 BFP 系统的力学测量范围可以简单地通过调整毛细管内的负压来改变而不需要额外的校准。理论上力传感器的形变量可以仅为几纳米，所对应的 BFP 系统的力学分辨率可以达到 0.1pN[34]。一般来说，力学分辨率的下限是由测量力传感器形变设备的精度

---

　　① 1atm = 1.01325×10⁵Pa。

和热扰动共同决定的。热扰动程度可以由式 (2.2) 给出

$$\Delta f^2 \sim k_{\mathrm{B}} T \cdot \tau_{\mathrm{m}} \tag{2.2}$$

当力传感器膜张力较小时，力学分辨率极限则主要受热涨落限制。

待测样品以及力学传导器的形变则由高分辨的显微镜记录，为了完整记录力学传导器和待测细胞的三维形变，通常需要同时设置水平和竖直方向的摄像机。竖直方向的摄像机一般设置在样品池下方，与磁镊相似，力传感器和待测细胞的高度位置可以由其衍射环图案确定，利用这种方法，细胞或小球轴向位置变化的分辨率可以达到 5nm，径向分辨率可达 10~15nm[34]。水平方向的摄像机除了探测待测细胞的竖直位置变化外，还可以在实验开始前校正、连接毛细管、力传导器和小球。通过专业软件计算分析，我们就可以得到所施加的力和待测细胞形变的关系。BFP 系统仅测试部分就需要负压毛细管、力传感器和用于测试相互作用的小球，在一些实验中甚至还需要另一毛细管固定细胞以方便测量。尽管如此，相比于 AFM、磁镊和光镊，其测试部分仍要简洁许多，一般只需要一根探针或一颗 (一对) 小球。简单的测试部件不仅降低了仪器使用难度，还可避免许多实验的不确定性和随机误差。但由于力传感器通常由刚性较小的囊泡或红细胞组成，其自身在受力情况下也会发生较大形变，这使得 BFP 系统的空间分辨率非常低，其最小空间分辨率约为 10nm[34]。此外，BFP 测试中需要用到的毛细管往往需要实验操作者二次加工，毛细管质量的好坏直接决定了 BFP 系统的力学分辨率以及力加载速率的精确控制。由于 BFP 系统利用特异性修饰的小球来测试待测分子与细胞的相互作用，加之其较小的空间分辨率，我们很难确定实验所得的数据是否为单分子事件，我们甚至不知道测得的力是由几种相互作用提供的。为了定量测量相互作用，在 BFP 测试中需要设置大量的对照实验，增大了测量工作量。

2.4　不同设备的联用

通过前文介绍，不同的测试平台各有其特点，例如，磁镊在恒力模式中有着很好的稳定性，此外，磁镊中磁珠由磁铁操控，磁镊很容易实现旋转操作，而 AFM 和光镊则很难实现。光镊有着很高的灵敏度，其力学分辨率可以达到 10^{-10}N，但是同磁镊一样，其所能施加最大的力有限。AFM 可以施加较大的力，其力扫描模式可在测量扫描区域每一点相互作用大小的同时提供样品的硬度、黏弹性、杨氏模量和形貌信息。此外，不论磁镊、光镊还是 AFM，由于仪器结构设计，它们通常只能在一个方向施加力。为了同时研究目标分子在不同自由度下的结构、受力变化，科学家们尝试将不同设备联合使用，以便能同时观察目标分子在多尺度下的力学行为。为了在测量样品力学性质的同时观察其结构变化，大多数的设备

联用都是将 AFM、磁镊或光镊同激光显微镜组合使用。

例如，Gaub 教授课题组 AFM 与全内反射荧光显微镜 (total internal reflection fluorescence microscope，TIRFM) 的联用 [41]，成功解决了组合仪器的噪声干扰，并实现了在利用 AFM 进行分子操控的同时，通过 TIRFM 观察分子构象变化。如前文所述，虽然 AFM 有着较高的空间和力学分辨率，并且已经在生物物理领域广泛应用于测定样品表面拓扑结构、施加或检测样品力学特征等 [42,43]，但是即使配备快扫的 AFM 设备，其扫描速度仍远慢于常用的光学或电子显微镜系统 [44]。另一方面，传统的光学手段可以提供快速的成像结果，但是普通光学显微技术受限于衍射极限，无法提供高分辨的图像并且它们无法对分子原子进行操控。因此 AFM 和单分子荧光显微技术的结合可以最大限度地弥补两种仪器本身的不足 [45]。由于 AFM 可以在样品表面进行扫描、分子操控等操作，因此选择 TIRFM 作为单分子荧光成像部分较为合适。AFM 与 TIRFM 的联用设备中，通常会将 AFM 探针、压电陶瓷、激光光源和四象限检测仪放在设备的上部，TIRFM 部分置于样品池的下方。AFM 测量部件由若干个机械马达控制以在长时间测试中补偿探针和各部件热漂移带来的空间位置变化。实验样品放置在以盖玻片为底部的样品池中，样品池用卡子牢牢固定在样品台中，并由压电陶瓷带动实现精确位置移动，以减少机械连接部分产生的噪声扰动。

利用联用设备，Gaub 教授重复了固体表面 "剪切–复制" 的单分子组装工作 [46]。在实验设计中，他们先在基板上设置了一个 "仓库区"，这个 "仓库区" 由单链 DNA "货架" 和带荧光染料标记的 "货物" 组成。"货架"DNA 一段以共价方式修饰在基板上，"货物" 的一端有一段与 "货架" DNA 互补配对的碱基序列，另一端还有与运载工具 (AFM 探针) 互补配对的特异性识别标签 (图 2.6)，但标签 DNA 的长度要短于与 "货架" DNA 结合的片段。"货物" 与 "货架" DNA 解螺旋的方式为 "解拉锁模式"(unzipping mode)，这种解螺旋方式需要的外力较低，而 AFM 针尖上 DNA 与 "货物" DNA 解螺旋的方式为剪切模式 (shearing mode)，这种模式需要较大的外力才能将互补双链 DNA 解螺旋。于是当 AFM 探针与 "货物" DNA 标签识别后，即使标签 DNA 长度短于 "货架" DNA，但是其相互作用力要远大于 "货物" 与 "货架" DNA 的相互作用力，这样就可以将 "货物" 从 "货架" 上挪下来 (图 2.6)。在基板的另一块区域有目标区，在这一区域，修饰有与 "货架" DNA 相同序列的 DNA 片段，只不过连接在基板的方向与 "仓库区" 的 "货架" DNA 相反，这样 "货物" DNA 片段与 "货架" DNA 同样形成剪切模式，由于 "货架" DNA 序列长于货物与 AFM 探针上的结合片段，因此在探针上抬的过程中，货物会留在 "目标区"(图 2.6)。而探针上的特异性识别标签还可以继续识别 (搬运) 下一个 "货物"，以此实现多次往复的分子搬运。如图 2.6 所示，在 AFM 探针进行分子搬运的过程中，TIRFM 全程记录着 AFM 探针上的荧光信号变化。

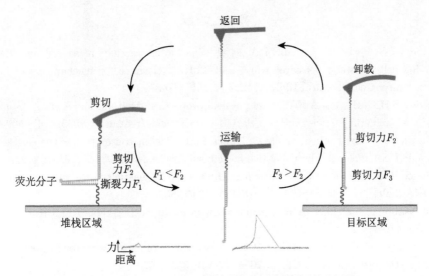

图 2.6 AFM-TIRFM 联用观察分子搬运实验示意图

除了 AFM，也有大量磁镊与 TIRFM 联用的研究报道。MT-TIRFM 联用设备的设计与 AFM-TIRFM 相似，即力学测量设备在上，光学观察设备在下。这样对于一些具有生物功能的蛋白质如酶、转运蛋白等，就可以从多角度去同时探究其力学行为与空间构象之间的关系。例如，蛋白质研究的一个核心问题就是其结构与功能间的关系，即使是同一条多肽序列，不同的空间构象往往决定着不同的生物学功能。现代蛋白酶学研究表明，酶的空间构型不是一成不变的，其与底物结合，进行酶促反应的过程都伴随着活性位点的结构改变 [47,48]。近年来，已经有大量的 AFM、磁镊等单分子力谱研究外力改变酶或功能蛋白的空间构象等工作，然而传统手段很难同时研究外力对酶构象的影响以及该构象酶生物活性及功能的联系。通过联用设备即可在多尺度下观察酶在外力条件下的构象变化过程。此外，通过在酶、蛋白或 DNA 分子特定位置修饰荧光分子对，在一定距离内可以进行荧光共振能量转移 (fluorescence resonance energy transfer，FRET)，科学家们就可以检测在受力情况下，分子结构的变化 [9,49,50]。2007 年，韩国首尔大学 Taekjip Ha 教授课题组将光镊和单分子荧光共振能量转移 (smFRET) 技术结合起来观察 Holliday 连接体 (Holliday junction, HJ) 在受力状态下构象的转变。在联用系统中，光珠微粒与 HJ 间通过一段很长的双链 DNA (约 13μm) 连接以充分隔离荧光观察系统和光镊操作系统，通过这样的设计，两个系统可以同时进行操作、观察且又相互保持独立，避免干扰 [51]。联用设备将不同平台组合起来，实现了力学测试和荧光观察的相互补充，为分子机械性能以及结构、功能联系提供了多尺度的研究方法。

参 考 文 献

[1] Knoops B, Becker S, Poncin M A, et al. Specific interactions measured by AFM on living cells between peroxiredoxin-5 and TLR4: relevance for mechanisms of innate immunity. Cell Chemical Biology, 2018, 25(5): 550-559.

[2] Crick F H C, Hughes A F W. The physical properties of cytoplasm. A study by means of the magnetic particle method: Part II. Theoretical Treatment, 1950, 1(4): 505-533.

[3] Smith S B, Finzi L, Bustamante C. Direct mechanical measurements of the elasticity of single DNA molecules by using magnetic beads. Science, 1992, 258(5085): 1122-1126.

[4] Strick T R, Allemand J F, Bensimon D, et al. The elasticity of a single supercoiled DNA molecule. Science, 1996, 271(5257): 1835-1837.

[5] de Vlaminck I, Dekker C. Recent advances in magnetic tweezers. Annu Rev Biophys, 2012, 41: 453-472.

[6] Danilowicz C, Greenfield D, Prentiss M. Dissociation of ligand-receptor complexes using magnetic tweezers. Anal Chem, 2005, 77(10): 3023-3028.

[7] Kollmannsberger P, Fabry B. High-force magnetic tweezers with force feedback for biological applications. Rev Sci Instrum, 2007, 78(11): 114301.

[8] Bonakdar N, Schilling A, Sporrer M, et al. Determining the mechanical properties of plectin in mouse myoblasts and keratinocytes. Exp Cell Res, 2015, 331(2): 331-337.

[9] Sarkar R, Rybenkov V V. A guide to magnetic tweezers and their applications. Frontiers in Physics, 2016, 4: 48.

[10] Collins C, Guilluy C, Welch C, et al. Localized tensional forces on PECAM-1 elicit a global mechanotransduction response via the integrin-RhoA pathway. Curr Biol, 2012, 22(22): 2087-2094.

[11] Mahowald J, Arcizet D, Heinrich D. Impact of external stimuli and cell micro-architecture on intracellular transport states. Chemphyschem, 2009, 10(9-10): 1559-1566.

[12] Crut A, Koster D A, Seidel R, et al. Fast dynamics of supercoiled DNA revealed by single-molecule experiments. Proc Natl Acad Sci U S A, 2007, 104(29): 11957-11962.

[13] Li M, Xia X, Tian Y, et al. Mechanism of DNA translocation underlying chromatin remodelling by SnF$_2$. Nature, 2019, 567(7748): 409-413.

[14] Lin W, Ma J, Nong D, et al. Helicase stepping investigated with one-nucleotide resolution fluorescence resonance energy transfer. Phys Rev Lett, 2017, 119(13): 138102.

[15] Li J H, Lin W X, Zhang B, et al. Pif1 is a force-regulated helicase. Nucleic Acids Res, 2016, 44(9): 4330-4339.

[16] Cross S J, Brown C E, Baumann C G. Transverse magnetic tweezers allowing coincident epifluorescence microscopy on horizontally extended DNA // Leake M C. Chromosome Architecture: Methods and Protocols. New York: Springer, 2016: 73-90.

[17] Yan J, Skoko D, Marko J F. Near-field-magnetic-tweezer manipulation of single DNA molecules. Phys Rev E Stat Nonlin Soft Matter Phys, 2004: 70(1 Pt 1), 011905.

[18] Ashkin A. Acceleration and trapping of particles by radiation pressure. Phys Rev Lett, 1970, 24(4): 156-159.

[19] Ashkin A, Dziedzic J M. Optical trapping and manipulation of viruses and bacteria. Science, 1987, 235(4795): 1517-1520.

[20] Bolognesi G, Friddin M S, Salehi-Reyhani A, et al. Sculpting and fusing biomimetic vesicle networks using optical tweezers. Nature Communications, 2018, 9(1): 1882.

[21] MacDonald M P, Spalding G C, Dholakia K. Microfluidic sorting in an optical lattice. Nature, 2003, 426(6965): 421-424.

[22] Murugesapillai D, McCauley M J, Maher L J, et al. Single-molecule studies of high-mobility group B architectural DNA bending proteins. Biophysical Reviews, 2017, 9(1): 17-40.

[23] Witzens J, Hochberg M. Optical detection of target molecule induced aggregation of nanoparticles by means of high-Q resonators. Opt Express, 2011, 19(8): 7034-7061.

[24] Lin S, Crozier K B. Trapping-assisted sensing of particles and proteins using on-chip optical microcavities. ACS Nano, 2013, 7(2): 1725-1730.

[25] Ashkin A, Dziedzic J M, Bjorkholm J E, et al. Observation of a single-beam gradient force optical trap for dielectric particles. Optics Letters, 1986, 11(5): 288.

[26] Neuman K C, Nagy A. Single-molecule force spectroscopy: optical tweezers, magnetic tweezers and atomic force microscopy. Nat Methods, 2008, 5(6): 491-505.

[27] Moffitt J R, Chemla Y R, Smith S B, et al. Recent advances in optical tweezers. Annu Rev Biochem, 2008, 77: 205-228.

[28] Peterman E J G, Gittes F, Schmidt C F. Laser-induced heating in optical traps. Bio-Physical Journal, 2003, 84(2 Pt 1): 1308-1316.

[29] Savard T A, O'Hara K M, Thomas J E R. Falcone, laser noise induced heating in far off resonance optical traps. Quantum Electronics and Laser Science Conference, Optical Society of America, Baltimore, Maryland, 1997: QPD6.

[30] Mao H, Arias-Gonzalez J R, Smith S B, et al. Temperature control methods in a laser tweezers system. Biophysical Journal, 2005, 89(2): 1308-1316.

[31] Seol Y, Carpenter A E, Perkins T T. Gold nanoparticles: enhanced optical trapping and sensitivity coupled with significant heating. Opt Lett, 2006, 31(16):2429-2431.

[32] Neuman K C, Chadd E H, Liou G F, et al. Characterization of photodamage to *Escherichia coli* in optical traps. Biophysical Journal, 1999, 77(5): 2856-2863.

[33] Liang H, Vu K T, Krishnan P, et al. Wavelength dependence of cell cloning efficiency after optical trapping. Biophysical Journal, 1996, 70(3): 1529-1533.

[34] Evans E, Ritchie K, Merkel R. Sensitive force technique to probe molecular adhesion and structural linkages at biological interfaces. Biophysical Journal, 1995, 68(6): 2580-2587.

[35] Shao J Y, Xu G, Guo P. Quantifying cell-adhesion strength with micropipette manipulation: principle and application. Fron Biosic, 2004, 9: 2183-2191.

[36] Sung K L, Sung L A, Crimmins M, et al. Determination of junction avidity of cytolytic T cell and target cell. Science, 1986, 234(4782): 1405-1408.

[37] Li Y, Cao Y. The molecular mechanisms underlying mussel adhesion. Nanoscale Advances, 2019, 1(11): 4246-4257.

[38] Dudko O K, Hummer G, Szabo A. Theory, analysis, and interpretation of single-molecule force spectroscopy experiments. Proc Natl Acad Sci U S A, 2008, 105(41): 15755-15760.

[39] Chapman D. Mechanics and thermodynamics of biomembranes. FEBS Letters, 1982, 142(1): 179, 180.

[40] Evans E, Skalak R. Mechanics, and Thermodynamics of Biomembranes. Boca Raton, FL: CRC Press, 1980.

[41] Gumpp H, Stahl S W, Strackharn M, et al. Ultrastable combined atomic force and total internal reflection fluorescence microscope [corrected]. Rev Sci Instrum, 2009, 80(6): 063704.

[42] Engel A, Gaub H E. Structure and mechanics of membrane proteins. Annu Rev Biochem, 2008, 77: 127-148.

[43] Puchner E M, Alexandrovich A, Kho A L. Mechanoenzymatics of titin kinase. Proc Natl Acad Sci U S A, 2008, 105(36): 13385-13390.

[44] Hansma P K, Schitter G, Fantner G E, et al. Applied physics. High-speed atomic force microscopy. Science, 2006, 314(5799): 601, 602.

[45] Hards A, Zhou C, Seitz M, et al. Simultaneous AFM manipulation and fluorescence imaging of single DNA strands. Chemphyschem, 2005, 6(3): 534-540.

[46] Kufer S K, Puchner E M, Gumpp H, et al. Single-molecule cut-and-paste surface assembly. Science, 2008, 319(5863): 594-606.

[47] Lu H P. Revealing time bunching effect in single-molecule enzyme conformational dynamics. Phys Chem Chem Phys, 2011, 13(15): 6734-6749.

[48] Lu H P. Sizing up single-molecule enzymatic conformational dynamics. Chem Soc Rev, 2014, 43(4): 1118-1143.

[49] Graves E T, Duboc C, Fan J, et al. A dynamic DNA-repair complex observed by correlative single-molecule nanomanipulation and fluorescence. Nat Struct Mol Biol, 2015, 22(6): 452-457.

[50] Fan J, Leroux-Coyau M, Savery N J, et al. Reconstruction of bacterial transcription-coupled repair at single-molecule resolution. Nature, 2016, 536(7615): 234-237.

[51] Hohng S, Zhou R, Nahas M K, et al. Fluorescence-force spectroscopy maps two-dimensional reaction landscape of the Holliday junction. Science, 2007, 318(5848): 279-283.

第 3 章   原子力显微镜成像原理及其单分子力谱应用

李一然   王 鑫

AFM 与扫描隧道显微镜 (scanning tunneling microscope，STM) 都属于扫描探针显微镜 (SPM)，通过探针对样品表面进行扫描测量。AFM 可以在大气和液体环境下对各种材料和样品表面的纳米区域的多种弱相互作用力和形貌进行测量，这一特性弥补了 STM 只能测量导电物体的不足。早期 AFM 主要用于对样品表面进行微观结构的表征。随着技术进步，AFM 的应用范围不断拓展，已逐渐发展出测量样品表面磁畴、电荷、硬度、黏滞力等物理特性的功能。由于 AFM 相较其他微观表征手段具有样品制备简单，操作环境不受限制，对样品损伤小以及可以在生理环境对活细胞、组织进行测量等优点，已被广泛应用于物理、化学、材料、生物及医学领域。

3.1   原子力显微镜工作模式及其原理

与光学显微镜通过光波与物体的相互作用成像不同，扫描探针显微镜利用探针与物质间的直接相互作用成像，因而其分辨率不受光的衍射极限所限制，而取决于探针的几何精度。AFM 通过高精度的压电陶瓷控制的探针来对未知物体表面进行逐点 (或逐行) 扫描，通过光学系统测量探针的形变，并通过四象限光敏元件转变成电信号进行采集，通过计算机进行分析处理，依据探针状态变化与样品表面距离关系，重构出未知样品的微观结构。AFM 探针主要由基片、悬臂和针尖三部分构成，AFM 针尖一般呈金字塔形或圆锥形，其尖端直径根据不同型号从几纳米至几十纳米不等，一些特殊用途的探针可能没有针尖，以方便后期修饰或操控细胞等微粒。一般 AFM 探针的悬臂长度约为几十至几百微米，根据不同使用场景，悬臂大多为三角形和矩形两种结构。当悬臂靠近样品表面时，受到伦纳德–琼斯势 (Lennard-Jones potential) 的作用，探针会发生形变 (或运动状态发生改变)。这一微小变化通常很难被准确捕捉，但在 AFM 设计中用到了光杠杆法来放大探针形变，即用一束激光照射到 AFM 悬臂背部，经悬臂反射后入射到四象限光敏元件中，通过光程变化可将 AFM 探针的微小形变信号放大。在一些

AFM 光路设计中还用到反光镜，以进一步增大激光光程，从而获得更高的测量精度。而 AFM 成像的空间分辨率由压电陶瓷的精度决定。压电陶瓷是一种能够将机械能和电能互相转换的信息功能陶瓷材料，它可以实现亚纳米级的步进控制。一般 AFM 中在 X、Y、Z 三个方向都分别安装压电陶瓷以实现探针在三维空间中的准确运动。

　　如前文所述，AFM 以探针形变量或运动状态与样品表面的距离关系作为依据，从而判断样品高度等信息。如果这个关系为探针的弯曲程度，则依据这一关系工作的 AFM 为接触模式 AFM，如果这一关系为探针做自由振动的振幅，则 AFM 的工作模式为轻敲模式 AFM，如果这一关系为探针中量子隧穿电流大小，则此时工作模式为 STM，除此之外，使用一些特殊的探针，如针尖表面镀磁性材料、导电 AFM 探针，则可测定样品中的磁学信息和电学信息。下面几个小节我们将讨论 AFM 的主要技术与成像技术、单分子力谱技术的关联。

3.1.1　压电陶瓷的工作原理与特点

　　压电 (piezo) 一词源于希腊语中的压力。早在 1880 年，雅克·保罗居里与皮埃尔·居里兄弟二人发现，压力会在许多晶体 (如石英或者电气石) 中产生电荷，他们称这种现象为压电效应。后来，他们注意到电场的施加会改变压电材料的形状，称之为逆压电效应。随着技术的发展，诸如钛酸钡 ($BaTiO_3$) 与锆钛酸铅 (PZT) 等一系列具有逆压电性能的材料的出现，极大地推动了基于压电陶瓷的精确位置控制技术的发展。如图 3.1 所示，利用逆压电效应，在压电陶瓷的水平方向上施加电场，导致水平方向的膨胀或收缩，同时带来相应的垂直方向的收缩或膨胀，达到使用电学信号控制位移的目的。基于这样的控制原理可以带来亚原子级别甚至 (理论上) 更高的精度。在实际应用的 AFM 系统中，尽管受制于系统热噪声与电噪声的影响，一个好的压电陶瓷仍然可以达到原子级的分辨率。AFM 系

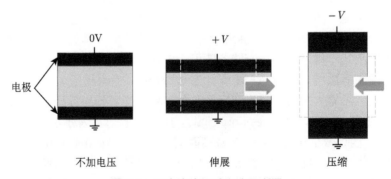

图 3.1　压电陶瓷运动方式示意图

统对空间位置的定位精度有着很高的要求，不仅需要压电陶瓷能够产生精确的步进以确定相对位置，也需要精准的绝对位置来实现良好的空间定位。然而，作为一个实际的物理器件，压电陶瓷的非线性效应、迟滞效应以及蠕变效应不仅会影响 AFM 成像过程中的高度测量与空间定位，也会影响单分子力谱实验中距离的测定。

　　压电陶瓷的非线性效应是指压电陶瓷的相对伸长长度与施加的电场强度是非线性关系，如图 3.2(a) 所示，随着电压从 0 均匀增加，压电陶瓷的伸长量非线性响应。事先测定压电陶瓷元件的压电响应特性，获得电压–伸缩响应曲线，并按照这一曲线进行电压控制则可以缓解这一问题。然而，压电陶瓷具有迟滞效应，如图 3.2(b) 所示，对压电陶瓷从 0 均匀施加到 $+V$，之后再从 $+V$ 恢复到 0，压电陶瓷会沿着不同的伸缩曲线运动。AFM 成像时，需要控制压电陶瓷在 X 方向进行匀速的往复扫描，Y 方向进行单向的匀速扫描，以实现 X-Y 平面的网格覆盖；AFM 进行力谱实验时，需要控制压电陶瓷在 Z 方向匀速往复运动。将驱动每个方向压电陶瓷的三角波电压替换为基于迟滞回线修正的畸变三角波信号，可以修正迟滞效应带来的影响，如图 3.2(d) 所示。然而，由于迟滞效应，在不同的起始位置驱动压电陶瓷伸缩相同的长度，结果都是不同的。因此，控制压电陶瓷在大尺度范围内的精确运动是评价 AFM 性能的重要指标之一。压电陶瓷的电压变化时，电场的重建几乎是瞬间的，而压电陶瓷的变形则是一个相对缓慢的过程，这一现象称为蠕变效应，如图 3.2(c) 所示。蠕变效应也增加了压电陶瓷的响应时间，同样也影响着定位精度。

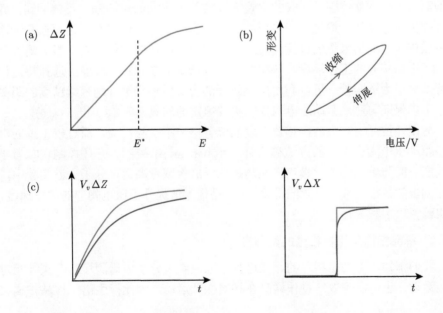

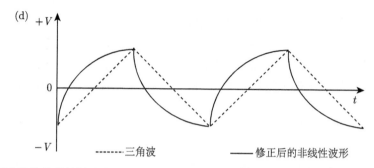

图 3.2　压电陶瓷的非线性响应 (a)、迟滞效应 (b) 与蠕变效应 (c) 示意图，通过增加传感器修正输入信号波形以得到正确的压电陶瓷运动行为 (d)

3.1.2　位置传感器与闭环回路

目前 AFM 基本都具有良好的空间分辨率和控制精度，这得益于位置传感器的使用。通常，AFM 系统在紧邻探针的位置设置了三个高精度的位置传感器用于读取 X、Y、Z 三轴的位置信号，解决了无法精确知道压电陶瓷当前所在位置的难题。因此，目前常见的 AFM 都通过获取传感器读取的位置信号作为探针的位置并呈现在 AFM 成像或者力曲线数据中。常见的位置传感器有三种，电容型传感器、电感型传感器与应变片型传感器。电容型传感器将位置的改变转变为电容极板的距离或者正对面积的改变引起的电容变化来实现位置的精确测量。类似地，电感型传感器将位置的变化转变为电感信号。对于应变片型传感器，位置的变化会造成应变片压力的变化，应变片的压阻效应引起应变片电阻的变化实现位置的测量。将位置传感器读取的位置信号接入闭环 (closed-loop) 反馈回路，并与目标位置进行比较，通过反馈电压将压电陶瓷驱动至目标位置，进而在几十微米的范围内实现亚纳米级的位置测量与空间定位。闭环控制的引入，极大地改善了单分子力谱实验的工作环境：科学家们可以精确地在 AFM 成像中选择特定位置进行单分子力谱实验；可以利用压电陶瓷的全部量程来进行纳米级精度的距离测量；可以保证匀速地驱动压电陶瓷以实现恒定的加载速率 (loading rate)。

与闭环控制相对应，传感器读取的位置信号不参与反馈，通过校正过的电压直接驱动压电陶瓷工作的方法称为开环 (open loop) 控制。开环控制意味着更短的响应时间与更低的电学噪声。在高速扫描成像或者高速单分子力谱实验中，开环控制虽然牺牲了部分位置的准确性，但是极大地提升了压电陶瓷的工作速度，使得实验得以顺利进行。

3.1.3　样品扫描与探针扫描的两种设计

我们都知道运动是相对的，在进行成像或者单分子力谱测量时，探针相对于样品运动，也可以等效地看作样品在相对探针运动，因此衍生出了样品扫描、探针扫描、探针–样品混合扫描等多种方法。下面将简单地讨论一下样品扫描与探针扫描这两种设计的特点与应用。

样品扫描的 AFM 是一个非常经典且历史悠久的设计,早期的 AFM 都采用了这一经典的设计。AFM 的探针通过光杠杆来获取探针悬臂的形变信号,在探针与样品的相对运动过程中,需要检偏激光能很好地追随探针悬臂的位置。样品扫描的 AFM,探针位置固定不动,省去了检偏激光追随装置,对在诸如液体等复杂环境中进行 AFM 实验十分有利。在早期的高速扫描 AFM 中,检偏激光追随高速运动的探针就显得更加困难,因此高速扫描的 AFM 也往往采用样品扫描的设计 [1,2]。近场光学结合 AFM 系统也通常会采用样品扫描的设计,针尖增强效应已经广泛地用于近场光学 [3–5]、探针增强红外光谱 [6–8]、探针增强拉曼光谱 [9–12] 等研究,这些技术要求激光恰好聚焦在探针针尖的尖端处,复杂的光路设计已经不允许激光可以追随针尖的移动,因此在近场光学的研究中通常采用样品扫描或者探针–样品混合扫描的设计。然而,样品扫描也有局限性。如果把运动中的压电陶瓷和样品看成一个振子,样品质量的改变会影响振子的本征共振频率,进一步会影响成像参数。过重的样品更会极大降低系统的共振频率,使其在很低的运动速度下发生共振,影响数据质量甚至损坏压电陶瓷,限制了 AFM 在大样品中的应用。

近来,检偏激光追随的技术难题已经被攻克,探针扫描设计的 AFM 应运而生。如使用一个由另外一块压电陶瓷控制的反射镜,当探针在运动时,反射镜通过系统自动调整角度以确保激光实时打在探针悬臂的同一个位置,甚至有的系统通过优化结构使得从激光器到检测器都可以随着探针同步运动,从而实现激光追随的目的。当然激光追随设计都极大地增加了系统的复杂性,对 AFM 系统的设计提出了更高的要求。探针扫描技术经过优化同样可以实现高速的液体环境中的测量,根据报道,Bruker 公司 (原 JPK 公司) 的 NanoWizard Ultra Speed 2 的探针扫描设计已经实现了 10 帧/s 的高速成像,获得了液体中的 DNA 的动态变化。探针扫描设计最大的优势是免除了样品体积与重量的限制,过重的金属样品或是模式动物 (如斑马鱼、蝌蚪) 也可以在 AFM 探针下方顺利地进行实验。探针扫描技术也使得 AFM 观测需要长时间培养的活细胞实验成为可能,培养皿结合温控、流控以及 CO_2 气体控制部件,整个部件体系并不会影响 AFM 系统性能,可以在细胞长期培养的过程中使用 AFM 进行成像或者力谱测量。此外,基于探针扫描技术,能更好地实现基于多种高级光学技术的联合应用,例如,基于 STORM/PALM 或者 STED 的超分辨技术。这些超分辨光学技术的实现需要样品很好地固定并保持静止,基于探针扫描可以很好地保持样品的焦距,以实现获取 AFM 成像的同时获取有用的超分辨光学成像 [13,14]。

需要指出的是,本小节的目的不在于比较哪种方式的设计更先进或者说更有优势，而旨在通过比较两种设计模式的异同，帮助读者在设计多种 AFM 模式联用实验时更好地选择适合实验的设备。

3.2 探　　针

由于 AFM 依靠悬臂形变来间接计算针尖与样品之间的相互作用力，因此在力测量实验和一些接触模式成像中，需要对探针的劲度系数进行校准。AFM 悬臂通常有矩形和三角形两种设计，探针背部镀有金属层以增强激光反射。探针的劲度系数可以通过 Cedar 公式计算得出，对于矩形探针，其劲度系数可以通过式 (3.1) 计算：

$$k = \frac{Et^3w}{4l^3} \tag{3.1}$$

这里 E 是悬臂材料的杨氏模量，t、w 和 l 分别是悬臂的厚度、宽度和长度。一般而言，悬臂劲度系数越小，其力学分辨率越高。然而探针依据其使用环境，劲度系数也不能无限小。例如，探针在温度为 T 的环境中达到平衡，此时探针具有能量 k_BT，其中 k_B 为玻尔兹曼常量，考虑到探针系统只有一个自由度，环境中的热能会增加探针本身的热扰动：

$$\frac{1}{2}kA^2 = \frac{1}{2}k_Bt, \quad A = \sqrt{\frac{k_BT}{k}} \tag{3.2}$$

其中，A 是悬臂振荡的振幅。对于劲度系数为 0.1N/m 的悬臂，其热扰动振幅 A 约为 0.2nm，这一数值已经接近固体表面原子的尺度了。

$$f = \frac{1}{2\pi}\sqrt{\frac{k}{m}} = \frac{1}{4\pi}\frac{t}{l^2}\sqrt{\frac{E}{\rho}} \tag{3.3}$$

式 (3.3) 将悬臂的共振频率与劲度系数联系了起来。需要说明的是，在式 (3.3) 的推导过程中，将探针理想化为一个质点，但对于质量连续的探针来说，这一近似也可以足够精确地描述探针扫描过程中的力学行为。探针的共振频率还与 AFM 的扫描速率有关。让我们考虑一个表面起伏近似于波长为 2nm 的正弦函数的情况。考虑一个 10μm×10μm 的表面，假设每秒扫描一条线 (这是 AFM 的常见设定)，那么悬臂的上下运动频率大约为 5kHz。换句话说，当悬臂以给定速度扫描表面时，波长可以转换为时间尺度。为了能及时响应这样的表面起伏，悬臂的共振频率必须要远远高于由起伏可算出的频率。因此，对于软物质的快速成像，优先考虑高共振频率和低劲度系数的悬臂。

几家厂商提供了非常多不同种类的针尖、悬臂和材质，大大拓宽了 AFM 的应用场景，比如非接触 AFM (NC-AFM)、动态模式 (dynamic mode)、导电式

AFM 和静电式 AFM 等。选择最适合的针尖和悬臂的标准取决于具体应用。一般而言，在接触模式下应选用较软的悬臂，以避免对样本造成破坏，而在动态模式下成像应选用较硬的悬臂，以克服毛细作用力。理想情况下，有着高共振频率和低弹性系数的悬臂是最优的，但这只能通过减小悬臂的尺寸来达到效果，而这是很复杂的。不过最近有一些厂商发布了全新的小型悬臂，旨在满足苛刻用户的期望。表 3.1 展示了悬臂性能的概况以及它们在不同成像模式中的用途。

表 3.1 　不同成像模式下在液态/气态环境中悬臂的标准特性[a]

成像模式 (环境)	$k/(\mathrm{N/m})$	频率/kHz (空气中)	说明
接触模式 (空气和液体中)	< 1	$10 \sim 30$	首要要求是使用软悬臂，推荐采用 V 形悬臂以最小化横向弯曲，矩形悬臂可用来测量摩擦力
跳跃/脉冲模式 (空气中)	$1.5 \sim 3$	$25 \sim 70$	需要较大的 k 值以克服毛细作用力和黏滞力
跳跃/脉冲模式 (液体中)	< 0.1	20	与空气中相比，毛细作用的消失和黏滞力的减小使得更软的悬臂可堪一用
动态模式 (空气中)	$15 \sim 60$	$130 \sim 350$	在空气中悬臂必须较硬，以获得较高的 Q 因子并克服针尖与表面间的毛细黏附作用以及中等振幅的振动 ($> 5\mathrm{nm}$)
动态模式 (液体中)	< 0.1	$30 \sim 50$	矩形或 V 形要求 Q 值大于 1(针尖需长达 $10\mu\mathrm{m}$ 左右) 和较小振幅的振动 ($< 5\mathrm{nm}$)

注：a 数据来自厂商 Nanosensors 和奥林巴斯 (Olympus)。网址为：www.nanosensors.com；http://probe.olympus-global.com/en/。

3.2.1　悬臂校准

对于一些定量的 AFM 应用，如力–距离曲线，悬臂的弹性系数必须被精确地测量，这是因为厂商提供的参数仅仅是基于悬臂尺寸的估计值。在一些情况下，悬臂的弹性系数要与参考值之间有 20% 的偏差。

在悬臂质量已知的情况下，可以用式 (3.1) 计算弹性系数。但是，AFM 的悬臂梁并不是一个挂在弹簧后的简单质点，其质量沿着其长度分布，通常通过引入等效质量 m_0 来进行修正。在任何情况下，测量悬臂的等效质量都是相当复杂的，而克利夫兰 (Cleveland) 和合作者们 [15] 提出了一种方法 (式 (3.4))，其基于在悬臂上加上一个质量小量 m^* 之后测量共振频率 f 的改变量。

$$\omega^2 = \frac{k}{m^* + m_0}, \quad f = \frac{\omega}{2\pi} \tag{3.4}$$

若以所加质量 m^* 为纵轴坐标，ω^{-2} 为横轴坐标绘图，那么图像斜率就是 k，而截距与等效悬臂质量 m_0 相等。通过仔细进行参考文献 [15] 中所述的测量，

Cleveland 和合作者们推导出了以下公式, 这使得仅仅通过测量悬臂空载时的共振频率便可以得到高精度的 k 值, 假定已经有了悬臂长度和宽度的准确数据。

$$k = 2w\left(\pi l f\right)^3 \sqrt{\frac{\rho^3}{E}} \tag{3.5}$$

式中, l 为悬臂的长度, w 为宽度, ρ 为材料的密度, E 为弹性模量或杨氏模量, f 为测量得到的共振频率。

1995 年, 赛德 (Sader) 和合作者提出了一个更为精确的方法[16], 在 1999 年改进后被应用于矩形悬臂上[17]。这一方法需要知道悬臂的宽度和长度、实验测得的共振频率、悬臂的品质因子以及流体的密度和黏度 (空气的密度 ρ_{air} 为 1.18kg/m^3, 黏度 η_{air} 为 $1.86\times10^{-5}\text{kg/(m·s)}$)。2004 年, 赛德的方法被推广到可以同时用来测量矩形悬臂的扭转弹性系数[18]。这些方法的优势在于不需要知道悬臂的厚度、密度和真空中的共振频率。此外, 它们便于测量, 实验上操作简单, 且无创而无损坏。

3.2.2　液体中用于成像的针尖和悬臂

在溶液中, 一个物体 (比如针尖和悬臂) 所带的电荷一般会被周围电解质中的游离离子所屏蔽。同种离子 (有着相同的电荷) 会从物体附近被排斥开。异种离子 (有着相反的电荷) 则会被静电吸引向物体, 但是这种吸引会降低它们的熵。因此它们的空间分布就是这两种对立的倾向之间的平衡。物体周围屏蔽电荷的最终排布被称为双电层, 其结构对于溶液中带电物体之间的相互作用有着重要影响[19]。因此, 与在空气中成像相比 (那里毛细作用力在针尖–表面相互作用中起到核心作用), 液体中成像时静电相互作用更为重要。这意味着与针尖–样本距离息息相关的分辨率是取决于溶液中电荷的分布和屏蔽的, 因此要在缓冲液 (buffer) 中达到高分辨率, 针尖和样本之间必须发生接触。在缓冲液中进行高分辨率成像需要接触的这个事实在测量较软样本时存在很大的问题, 因为需要较软的悬臂。最初, 软悬臂只能在接触模式 (contact mode) 下使用, 因为它们的共振频率较低。在接触模式下成像意味着会存在剪切力和横向力, 这可能会损坏软的样本或者把表面上的物体拽走。使用可以最小化横向力的脉冲模式 (pulsed mode), 如跳跃模式 (jumping mode)、脉冲力模式 (pulsed force mode) 和力阵列模式 (force volume mode), 可以部分解决上面的问题。最近, 一些悬臂厂商设计出了可以在缓冲液中对软样本成像的悬臂, 其有着较低的弹性系数和足够高的共振频率, 所以可以采用动态模式 (dynamic mode)。这拓宽了可测量的范围, 而且最小化了剪切力和横向力。但是, 电解质的浓度仍然需要精细地调节, 使得针尖和样本之间的距离最小, 以获得高分辨率。

3.2.3　液体中悬臂的动力学

　　根据方程 (3.1)，弹性系数 k 只与悬臂的材料性质和其几何尺寸有关。这意味着如果悬臂被浸入某种环境时，k 与周围环境是无关的。但是，周围介质的黏度的确会影响悬臂的力学响应。式 (3.4) 已经隐含了当悬臂从空气中被移到一个更稠密的流体状液体中时，其共振频率就会立即变化，由于悬臂现在必须要附加一个额外的质量，所以频率会降低[20]。此外，液体的黏度也比空气更高。当受外部振动力 $F(t) = F_0 \cos(\omega t)$ 驱动时，悬臂的运动可以用一个带有阻尼的受迫简谐振子来描述[21]。

$$m\ddot{z} + k\dot{z} + \gamma z = F_0 \cos(\omega t) \tag{3.6}$$

$$\gamma = \frac{m\omega_0}{Q} \tag{3.7}$$

$$\omega_r = \omega_0 \sqrt{1 - \frac{1}{2Q^2}} \tag{3.8}$$

式中，z 代表着悬臂的纵向运动，m 是其质量 (注意等效质量 m^* 可以在所有这些公式中替换 m)，ω_0 是自由 (真空中) 共振频率，而 ω_r 则是流体中的共振频率，Q 是其品质因子，γ 是阻尼系数，F_0 是时间 t 时的振动力大小。方程 (3.6) 的解含有一个衰减项和一个稳定项。

$$z = B \exp\left(-\alpha t\right) \cos\left(\omega_r t + \beta\right) + A \cos\left(\omega t - \varphi\right) \tag{3.9}$$

　　衰减项在经过时间 $1/\alpha = 2Q/\omega_0$ 后，便会衰减到原来的 $1/e$。从那之后，针尖的运动就由稳定项主导了。稳定项是一个含有相移的简谐函数，相移与外部激振力有关。振幅和相移可以由以下等式算出：

$$A\left(\omega\right) = \frac{\dfrac{F_0}{m}}{\sqrt{\left(\omega_0^2 - \omega^2\right)^2 + \left(\dfrac{\omega\omega_0}{Q}\right)^2}} \tag{3.10}$$

$$\tan\varphi = \frac{\dfrac{\omega\omega_0}{Q}}{\omega_0^2 - \omega^2} \tag{3.11}$$

　　与在空气或真空中相比，在液体中的悬臂振动有几个重要的不同之处。首先，由于周围的液体密度高于空气密度，悬臂的等效质量变为原本质量的 10 到 40 倍，共振频率也相应地降低 (式 (3.3))。共振频率和自然频率的关系由式 (3.8) 表示。这就导致了第二个结果，悬臂和液体之间很强的流体力学相互作用将导致非常低的品质因子 Q。一般来说，液体中的 Q 大约比空气中低两个数量级[22]。共振频

率和 Q 的降低对于悬臂振动有着很大的影响，进而会影响动态模式的表现。第一，悬臂振动在液体中变为非简谐、非对称的了 [23]，这与空气中振动是正弦式和对称的情况完全不同 [24]。此外，液体中悬臂的低品质因子意味着针尖和样本之间相互作用力很强 [25]。动态模式把这当成控制信号，也就是说振幅可以反映针尖和样本之间的相互作用。针尖–样本相互作用导致的共振频率的改变带来了共振时的幅度阻尼，这与悬臂的品质因子成正比。一些研究者开发了一种在液体中操作的 AFM 技术，他们增加一个主动反馈系统来控制悬臂响应，这一系统最高可以把品质因子提高三个数量级 [22]。除此之外，在液体中使用共振频率较高的悬臂也可以提高动态模式的表现，但是必须要增加力常数方可提高共振频率，这对于软物质成像来说是不方便的。尽管低 k 值、高 f 值的悬臂是最优选择，但是在缓冲液中使用 k 约为 0.08N/m、f 约为 7kHz 的悬臂也可以获得分子级别的分辨率 [26]。

3.3   原子力显微镜基本成像模式

AFM 经过了三十多年的发展历史，发展了大量的成像技术，为追求更高分辨率、更快成像速度与更广泛的应用范围而努力，同时也在尽可能多地获取样品形貌之外的力学、电学、热学甚至光谱学信息。从最初基于接触模式获取摩擦力信息，到后来的基于振幅调制模式以及力调制模式等获取相位信息、弹性或者黏弹性信息甚至生化相互作用信息。尽管这些理化甚至生化信息成像的分辨率越来越高，速度越来越快，但是基于这些传统的模式很难进行定量的分析。近年来，基于力曲线的成像模式变得更加常见，如峰值力轻敲模式 (peakforce tapping mode) 与定量成像模式 (quantitative imaging mode，QI 模式)，这一类成像模式对每个像素点都进行了力曲线采集，基于力曲线可以对样品的黏性、弹性、黏弹性、生化相互作用力等理化信息进行定量分析。除了上述提到的力学信息，使用基于力曲线的成像模式甚至可以进行样品红外吸收信息的获取、样品导电特性的获取等多种物理信息的采集与分析。"更快、更快、更快" 一直也是 AFM 技术提升与发展的重点，高速扫描 AFM 的出现，使快速成像成为可能。高速 AFM 以数帧每秒的速度记录 AFM 图像并以视频的形式呈现出来，直观地反映微观样品的动态变化 [2,27,28]。高速 AFM 的超高性能，也使得高速力谱成为了可能 [29-31]。下面几个小节将介绍 AFM 的几种常见成像模式。

3.3.1   接触模式

顾名思义，在接触模式 (contact mode) 下，AFM 针尖始终与样品表面接触。我们将悬臂受力弯曲量作为参考，从而确定样品的形貌高度。具体来讲，我们在实验开始时会设置悬臂的目标弯曲量 (setpoint)，在针尖扫描样品的过程中，依据样品形貌变化，我们通过压电陶瓷来控制探针的升降以保持悬臂的弯曲程度与目标弯曲量一致，因此在扫描过程中，每一点上压电陶瓷升高或降低的距离即样品形貌高度的变化。例如，在扫描区域的前方有一个高为 h 的障碍物，当针尖扫描到障碍物时，由于障碍物高度较高，针尖被压缩的程度增大，当光敏元件检测到探针形变量大于目标弯曲量时，计算机会对压电陶瓷下达一个上抬的命令以使探针弯曲量减小至目标值，压电陶瓷上抬的距离 h' 即障碍物相对前一扫描区域的高度 (图 3.3)；反之，如果扫描区域前方有一深为 d 的坑，当探针扫描至该区域时，由于探针与样品表面距离增大，受到的斥力减小，探针弯曲程度减小，于是计算机会给压电陶瓷下达下移的命令以使悬臂的弯曲保持在目标值，此时压电陶瓷下移的距离 d' 即该点相较于前面区域的高度。通常在接触模式测试前，我们会校对探针弯曲量和光敏元件上光斑偏移量的关系，具体操作为让压电陶瓷带动探针下移接触基板后在探针弹性形变范围内再运动一段距离，同时记录光敏元件上光斑的偏移量，通过比较压电陶瓷的位移量和光斑的偏移量，我们就可以确定探针弯曲在光敏元件上的反应。如果在实验前我们对探针的劲度系数进行了校正，就可以将探针弯曲量换算为探针的受力情况，这样一来我们的目标弯曲量就可以用探针的受力情况或探针的弯曲情况来作为判断标准。

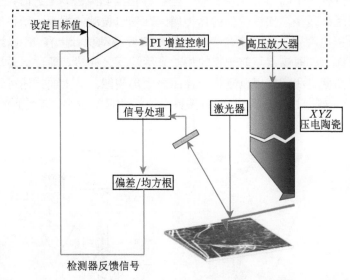

图 3.3 接触模式工作原理示意图。图中样品为 I 型胶原蛋白 AFM 图像

接触模式相较于轻敲模式有着许多优点，例如，在同样的实验环境中，接触模式的扫描速度要远大于轻敲模式，尤其对于粗糙度较大的样品 (如高度起伏较大的样品)。接触模式相对于轻敲模式是一个"静态"模式，在 AFM 扫描前不需要像轻敲模式一样做很多复杂的探针调谐和反馈控制等工作。除此之外，摩擦、刻

蚀、纳米压印以及力化学等应用场景需要使用接触模式。然而，接触模式也有其特有的使用限制。例如，在测量过程中针尖始终与样品表面接触，则针尖与样品表面的摩擦力不可避免，摩擦力会导致悬臂水平扭曲，进一步造成图像扭曲。此外，在潮湿环境中，由于界面的毛细力作用，加载在针尖的法向力会非常大，这个力不仅会降低图像分辨率，而且会导致样品的损坏以及针尖污染。

3.3.2 轻敲模式

在轻敲模式 (tapping mode, intermittent contact mode) 中，针尖不与样品表面接触，而是在样品上方做受迫振动 (图 3.4)，我们将探针受迫运动的振幅作为参考，以此判断样品形貌高度的变化。在具体 AFM 测量前，我们需要对探针进行调制，设定探针受迫振动的预期振幅。首先我们需要让探针在远离样品表面以其共振频率附近做自由振动，由于悬臂此时不受力，其自由振动时的振幅要比预期振幅大。随后进行下针操作：将探针靠近样品表面，由于探针与样品表面有相互作用，探针开始做受迫振动，探针受迫振动振幅达到预期振幅时下针完成。完成下针以后就可以开始扫描，扫描过程中，探针保持探针振幅与设定值一致，于是每一点上压电陶瓷的位置变化即可作为该点的高度信息 (图 3.4)。例如，假设探针扫描前方有一个高为 h 的障碍物，当探针扫描到障碍物上方时，由于样品表面与探针间距离减少，探针受到的斥力增大，受迫振动的振幅小于设定值。于是计算机会给压电陶瓷下达一个命令，使压电陶瓷带动探针上移 h' 以维持设定的振幅 (图 3.4)，h' 即该点与前一点的相对高度，反之亦然。通过记录每一点与其他点的相对高度，我们就可以重构出样品表面形貌图。从上面描述可知，在轻敲模式中，预期振幅设定值越小意味着探针受迫振动振幅越小，其受到的外力越大。

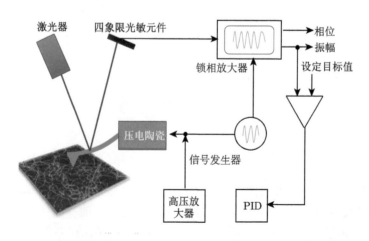

图 3.4　轻敲模式工作原理示意图。图中样品为短肽自组装纤维

轻敲模式相对于其他成像模式，由于针尖不在样品表面滑动，其水平分辨率要比接触模式高很多，相比于接触模式，探针在水平方向完全不受力。此外，由于扫描过程中针尖不与样品接触，轻敲模式对软的样品损伤更小，且探针不易被样品污染，轻敲模式非常适合测量较软的生物样品或高分子样品。当然轻敲模式受限于其工作原理也有不足。首先，在轻敲模式中，由于探针时刻做受迫运动，且需要复杂的反馈控制以使悬臂以设定的预期振幅振动，这导致轻敲模式的成像速度要远小于接触模式。其次，轻敲模式中探针调制、扫描过程中的反馈调节非常复杂，增益设置过低会导致压电陶瓷反应跟不上探针移动速度，在一些粗糙的表面上会使探针剐蹭样品，造成成像结果错误，甚至导致探针污染或样品损伤；如果增益设置过高，则会引起控制电路剧烈振荡，造成假象。此外，由于液体的黏滞阻力，轻敲模式在液体环境中的使用难度增大。由于轻敲模式是通过控制探针的振幅来反映样品形貌的相对高度，所以并不能直接控制针尖与样品的相互作用力。

采用接触模式进行成像会受到侧向力的影响，从而降低水平方向的分辨率，探针与样品之间较大的相互作用力导致探针与样品易磨损，影响实验的进行。除此之外，接触模式中作为成像反馈的物理量为悬臂的弯曲量，而系统实际读取的反馈信号则是光杠杆系统中四象限检测器的电压信号，该信号可能受到热漂移的影响导致难以确定样品与探针接触的实际信号的大小。轻敲模式克服了接触模式侧向力、反馈信号热漂移等多种不足，广泛应用于成像领域。然而，轻敲模式无法直接像接触模式一样直观地调整，研究表明，振幅与探针–样品相互作用力之间甚至是非单调关系[32,33]，探针动力学的动态调整也相对复杂，液体环境中的实验就变得相对更加困难。轻敲模式虽然能给出相对高清晰度的相图，但是相图的物理意义过于复杂，为样品本身的黏附、黏弹性以及探针本征性质等多种物理参数的综合体现。

3.3.3 基于力曲线的成像模式

前文讲述了两种成像模式中存在很多问题，而基于力曲线的成像模式克服了这一系列的问题。每个像素点的力曲线在接触样品之前的实际受力应为零，可以通过背景去除技术将空气或液体的流体阻力以及热漂移带来的信号变化进行补偿，实时控制探针与样品的作用力。由于每条力曲线与样品都是短时间的垂直点接触，这种接触几乎不会引入侧向力。力曲线实际测量的物理量同样是悬臂的弯曲量，这正比于探针与样品的接触力，因此可以对探针–样品相互作用力进行精确而直接的控制，也更方便定量地从力曲线中获取诸如刚度、黏附力等其他力学信息。由于力曲线的工作模式更接近于接触模式，不需要调整探针复杂的动力学，因此在液体环境中成像质量优异且操作简便。基于力曲线除了可以获取样品的形貌高度以外，还可以定量地获取样品的黏附力、杨氏模量等多种物理信息。然而，传统的基于力曲线的成像模式受限于当时的力控制技术与背景去除技术。为了减少背景去除不足造成的影响，探针的运动往往非常缓慢，通常一条力曲线需要几十甚至上百毫秒，对于一张 256×256 像素的图像，成像时间在几十分钟甚至超过一个小时，这对于高通量的研究是难以接受的。背景去除技术的不足加剧了探针-样品相互作用力的不确定性，使得这一作用力比理论上难以控制，进一步影响力成像的空间分辨率。直到峰值力轻敲模式与定量成像模式的出现，这一现象才得到改善，解决了背景去除与精确力控制的问题并进一步提升了力曲线速度，实现了快速、高分辨、精确力控制的力曲线成像。

峰值力轻敲模式是美国 Bruker 公司的专利技术。该模式通过压电陶瓷带动探针在 Z 方向做正弦的往复运动，每个运动周期产生一条力曲线。该成像模式同样基于反馈的原理进行工作，反馈信号为探针与样品接触的最大作用力，即峰值力。性能优异的背景去除技术能够将流体阻力以及四象限检测器的热漂移等多种干扰峰值力基线寻找的因素去除，实现峰值力相对基线的准确控制。峰值力轻敲技术采用基于时间同步的方法来寻找峰值力 [34]，而非简单的最大值搜索方法，在基线无法完全平整时也能正确寻找到峰值力。甚至，基于峰值力轻敲技术，可以设定峰值力为负值，以便进行一些特殊的实验方法设计 (这里假设探针压在样品上产生的相互作用斥力为正值，通常峰值力为该值的最大值；负值为样品与探针之间的吸引力，无法通过最大值搜索的方法得到；同样道理，峰值力可以设置为 0，如图 3.5(c) 所示)。基于精确的峰值力控制，对样品的成像往往可以设置在能成像的最小力下，以便充分地保持样品原始形貌同时保持探针的良好状态。基于峰值力轻敲技术，可以实现 AFM 的最高空间分辨率，诸如 DNA 大沟小沟 [35]、蛋白质微观结构 [36-38] 甚至云母和方解石 [39] 的真原子像等超精细结果得以很好地表征。由于正弦运动的频率远低于探针的共振频率，探针不会共振，也不需要处理探针的动力学，探针仍可以视为低速的行为，可以用常规力曲线的原理来理解。一条典型的力曲线如图 3.5(a) 所示。图 3.5 中 ① 为探针接近样品的过程，此时样品与探针无相互作用，当进行正确的背景扣除后为一条平线。② 为样品在非常靠近样品的区域，由于分子间相互作用产生吸引力 (snap-in)，将探针吸向样品。这一现象在空气中由于样品表面水膜的存在而较为明显，吸附距离在有的研究中用于疏水相互作用的评估。许多生物软样品的成像往往会在缓冲液中进行，失去了水膜的影响以及静电屏蔽效应使得 snap-in 效应不甚明显，无法观察到吸附过程。基于多种模型可以计算探针恰好接触样品时的位置，重构样品在不发生形变时的原始形貌。③ 对应探针接触样品后继续压入样品的过程。探针压入样品的深度与样品受力的关系，反映的是样品的弹性性质，其曲线斜率即样品的刚度 (stiffness)，通过 Hertz 模型等物理模型，还可以进一步得到材料的杨氏模量等信息。④ 为样品与样品的最大接触力，即峰值力，峰值力轻敲模式即通过反馈峰值力信号获取样品的相对高度信息。⑤ 为探针达到峰值力后开始往回撤的过程，此时探针仍然压入样品之中。此部分探针压入样品的深度与样品受力的关系可以用 DMT、JKR 等模型进行拟合，可以得到对应的杨氏模量。许多样品在探针压入时，总会不同程度地发生塑性形变。探针回撤段可以有效避免塑性形变影响杨氏模量的测量。然而，DMT 或 JKR 模型依赖于黏附力的测量以计算接触面积，对于缓冲液环境中的力曲线测量常常没有显著的黏附力，此时建议使用探针压入段进行 Hertz 模型、Sneddon 模型等模型拟合以获取杨氏模量。⑥ 对应探针挣脱样品最大的黏附力，反映了样品的黏性特征。探针压入曲线与回撤曲线围成的面积对应了样品的能量耗散，在一定程度上反映了样品黏弹性的性质。基于 JKR 模型可以计算探针与样品的黏附能，用于评估界面相互作用。⑦ 为探针挣脱了样品的最大黏附力之后回撤的过程。如果使用了配体修饰的探针探测样品上的受体，探针挣脱黏附力之后，样品上的化学受体依然与探针上的配体相连，探针解离配体-受体相互作用即观察到一个单分子解离信号，带来化学相互作用的信息，这部分将在后面的章节中详细讨论。⑧ 为探针挣脱了与样品所有的相互作用，重新变为不受力的状态，准备进入下一轮力曲线的运动。峰值力轻敲模式的一条力曲线带来了前所未有的丰富力学信息，杨氏模量、黏附力、耗散能以及化学相互作用力等都反映了样品的力学特性。除此之外，借助探针与样品接触的短暂片刻，可以进行样品导电特性 [40,41]、红外吸收特性 [42,43] 等物理特性的研究。峰值力轻敲模式采取了正弦驱动探针的模式，避免了探针在高速运动的过程中折返时产生的高频信号，导致体系共振，因此探针可以在较高的运动速度下工作。常规的峰值力轻敲模式可以工作在 2kHz 的正弦驱动下，即每秒钟可以产生 2000 条力曲线。基于高速 AFM 可以实现更高的工作频率，布鲁克公司 Dimension FastScan 型 AFM 的驱动频率可达 8kHz。高通量的力曲线产生使得基于力曲线的成像模式缩短到实验可接受的尺度，甚至可以通过分钟级别的成像速度捕获样品的动态过程 [44]。

定量成像 (QI) 模式在工作时采用了传统力曲线的触发式工作模式，而非反馈工作模式。QI 模式在工作时，探针匀速地运动并接近样品，与样品接触后压出样品直到达到触发力信号就立刻匀速撤回，并记下此时 Z 方向扫描管的位置，即样品的形貌高度。通过力曲线切换算法与硬件的优化实现了毫秒级的高速力曲线产生 (图 3.6)。使用 QI 模式的 AFM 通常采用共振频率很高的压电陶瓷驱动探针运动，在探针离开样品到预设高度后，会继续向上运动一小段距离，并以正弦运动模型进行折返，可以进一步提高两条力曲线间的切换速率，缩短单个像素成像的时间。QI 模式同样基于背景扣除技术来确定触发力的到达，以实现准确的力控制。基于 QI 模式获取的力曲线与峰值力轻敲模式获取的力曲线原理一致，都可以获取诸如样品刚度、杨氏模量、黏附力、耗散能以及化学相互作用力等

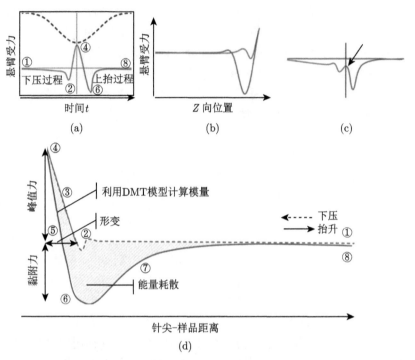

图 3.5　基于力曲线成像模式峰值力轻敲模式原理示意图。(a) 峰值力轻敲在一个工作周期内，力 (彩色红蓝线) 与扫描管位置 (虚线) 随时间的变化关系。(b) 悬臂受力关于 Z 向位置的关系。(c) 峰值力可以设置为低于基线的数值，并能够通过该峰值力进行正确的成像。(d) 力曲线进行样品力学特性分析，可以获得诸如杨氏模量、黏附力、能量耗散等多种力学信息

力学信息。我们同样可以基于重构获取样品受力为 0 时的接触点成像。两种模式都可以基于不同的压力对样品形貌进行重构，用于研究材料内部不同深度下的结构或力学信息，如研究细胞中的细胞骨架或者细胞器在细胞中不同深度下的分布 [45]。QI 模式与峰值力轻敲模式在工作原理上的差异使得它们在一些特殊应用场景中有细微的差异。峰值力轻敲基于正弦驱动，成像速度相对更快。峰值力轻敲模式需要调整正弦运动的振幅、频率和峰值力实现探针与样品接触时间的控制。QI 通过探针运动速度与触发力的调整控制探针样品与探针的接触时间，可以更加直观方便地进行基于力曲线成像模式的单分子力谱实验。两种模式为了在短时间内抓取、处理、存储大量的力曲线 (对于 256×256 像素密度下成像，至少需要 65536 条力曲线)，需要 AFM 的控制器与计算机有着很高的信号处理能力与很快的存取速度，当然，高性能的控制器与计算机技术发展解除了这一瓶颈，为高速力曲线成像提供了有力保证。

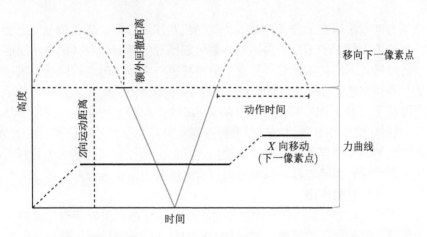

图 3.6 基于力曲线成像的测量过程。在一个工作周期内，探针会匀速接近样品，到达设定的力后会匀速回撤。当探针走完设定的 Z 方向长度时，探针会在扫描器的驱动下 "跳跃" 到下一个位置开始新的工作周期

有些物理化学信息的测量需要探针与样品较长时间接触才能有足够高的信噪比。峰值力轻敲与 QI 模式为了尽可能地降低单次力曲线所需的时间，加快成像速度，都无法控制探针在样品上长时间停留。基于力曲线成像模式可以控制探针接触样品后以多种形式在样品上停留，在此期间完成多种力学、热学、电学、光学等测量，如数据立方模式 (datacube mode，Bruker) 与力曲线阵列模式 (force mapping mode, 原 JPK，现 Bruker)。探针以恒力压在样品上测量样品的蠕变效应，或探针在样品上保持恒高测量样品的应力释放，抑或是使用小振幅的正弦力信号扰动样品测量样品的微观流变学信息，都可以对样品黏弹性进行有效测量；探针接触样品时，可以改变施加在样品上的电压测量到点电流，对每个成像像素点进行伏安特性曲线的测量；探针以恒力接触样品，逐步升高探针温度来测量样品的微区熔点；探针以恒力接触样品，触发拉曼光谱仪采集探针增强的拉曼光谱等。这些应用使得低速的力曲线成像模式仍然活跃在各个领域。然而，探针与样品长时间接触大大增加了单个像素点测量所需的时间，高像素密度成像时间会更加漫长，甚至长达数小时。如何加快这些模式的成像速度，仍是未来技术发展的重要方向。

3.4 基于原子力显微镜的单分子力谱

基于 AFM 的单分子力谱 (AFM based SMFS) 技术已经发展成为研究生物系统间相互作用的新方法。1994 年，Gaub 等第一次用活化过的 AFM 探针测定不同配体–受体间特异性结合强度和反应的自由能谱 [46]。张希等利用基于 AFM

的单分子力谱方法研究了分子内或分子间的相互作用原理，这些单分子层面上的结果，加深了人们对于超分子自组装体系组装原理的理解，并从单分子层面解释了聚合物力诱导下的构象转变，建立了力谱特征与界面吸附结构间的关联，直接测量了一些体系的界面吸附能或分子间相互作用力，为认识界面结构和分子组装推动力提供了依据 [47,48]。除此之外，基于 AFM 的单分子力谱被广泛用于测定蛋白结构、供体–受体相互作用、化学键强度以及材料力学性质表征等。由于 AFM 本身对细胞的光毒性要远小于光镊、磁镊，其产生的拉力也要远大于前两者，基于 AFM 的单分子力谱方法未来会在原位研究细胞力学信号转导、细胞力学性质测量等领域发挥重要作用。

如前文所述，AFM 的基本原理是用探针扫描样品表面以获得样品的拓扑结构、力学信息等。用作力谱模式的 AFM 探针材质一般是硅或氮化硅，因为在力谱实验中，我们大多只关注待测样品 (分子) 力与分子拉伸距离的关系 (z 向)，我们对 x-y 方向上的分辨率并不关心，因此力谱实验对针尖粗细没有过多要求。一般探针背部都镀有金属镀层以增强反光能力，在探针修饰或提前处理时就需要注意，由于探针与镀层热膨胀系数不同，酸蚀或热处理时间过长可能会导致涂层与探针贴合性变差，在实验中导致探针稳定性变差。最近也有一些研究发现，有效去除探针背部金属镀层可以明显提高探针的热稳定性，提高力谱实验的力学分辨率 [49,50]。在测量样品微观形貌时，一束激光打在探针背面，激光经探针反射后进入光敏元件。探针的运动是靠压电陶瓷带动的。探针尖端和样品表面原子相互作用会导致探针微悬臂发生形变，悬臂形变导致打在微悬臂上的激光反射角度发生改变，光敏元件上反射光的位置也会发生变化 (图 3.4，图 3.5)。通过光敏元件读出反射激光的偏移量，可以推算出悬臂形状的改变程度，进而推算出样品高度的变化。在力谱模式下，悬臂的偏移被当作压电晶体竖直位移的函数并被记录下来。这就将悬臂的偏移 (d) 和压电材料的竖直位移 (z) 联系起来，进而可以通过胡克定律将针尖的偏移转化成力 (F) 的大小。将压电晶体竖直运动的位移减去微悬臂的偏移量 ($z-d$)，进而可以得到力–距离曲线。力–距离曲线可以在某个确定位置记录，也可以在多个位置逐一测量，通过这种方式，就可以测量样品性质和分子间的相互作用。在进行大量力谱实验时，悬臂的劲度系数校准是必要的 [51,52]。

AFM 的单分子力谱测量原理与 AFM 接触模式成像原理相似，在力谱实验过程中，AFM 探针与基板表面接触，通过非特异性的物理吸附或特异性化学结合使探针与目标分子结合。前者无需对 AFM 探针做特殊处理，而后者需要用化学方法处理探针，使之带有能与目标分子结合的基团。如图 3.7(b) 所示，当一个高分子被 AFM 探针成功拉起来时，在探针与基板表面就形成了一个连接。当探针向上抬起远离基板时，目标分子的结构就有可能被破坏，引起探针受力和空间距离的变化。

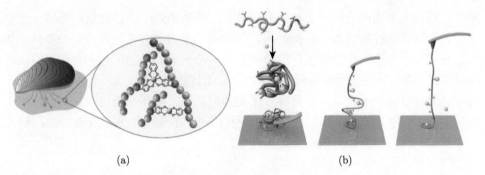

图 3.7 (a) 贻贝足丝中多巴与铁离子配位形式示意图，(b) 利用多鱼钩法测量单个多巴铁离子
配位键强度示意图 [54]

在力谱测试中，AFM 只相当于一个提供拉力和移动探针的工具，为了准确测量待测分子的相互作用强度和分子的构象变化，我们还需要对压电陶瓷和探针本身的力学性质进行校正。压电陶瓷是一类具有压电特性的电子陶瓷类材料，它能够将机械能和电能按照一定规则相互转换，其空间测量精度可以达到 0.1nm。压电陶瓷的使用为 AFM 测量的空间分辨率提供了保证。在后续章节中，我们还会详细讨论压电陶瓷本身性质对 AFM 测量产生的影响。

AFM 探针力学性质的校准对单分子力谱实验力学精度非常重要。AFM 探针相当于一个胡克弹簧，其受力和形变可以用公式 (3.12) 描述：

$$F = k_c \cdot \Delta z \tag{3.12}$$

式中，F 为探针受到的作用力，k_c 为探针的劲度系数，Δz 为探针的形变量。探针的劲度系数可由能量均分定理根据探针的热扰动确定。根据 Hutter 和 Bechhoefer 的方法 [15,53]，探针微悬臂可以看作一个简易的振荡器，振动中每个自由度分得 $1/2 k_B T$ 的能量，悬臂的劲度系数即可从已测量的悬臂形变量的方差中确定：

$$1/2 k_B T = 1/2 k_c \langle \Delta z^2 \rangle \tag{3.13}$$

其中，k_B 为玻尔兹曼常量，T 为热力学温度。由此可以确定探针的劲度系数，进一步通过光敏元件测得探针弯曲量，我们可以简单地根据胡克定律计算出探针 (施加在分子上) 受力的大小。而分子在受力下的延长可由压电陶瓷的运动距离与探针形变一起确定：

$$E_x = \Delta z_p - \Delta z_c \tag{3.14}$$

其中，Δz_p 为压电陶瓷的运动总距离，E_x 为分子两端距离的变化。$F\text{-}E_x$ 曲线即单分子力谱曲线，可以直观地反映目标分子的机械性能。当目标分子被探针拉着远离基板时，目标分子力与位置的关系就被记录下来。当分子或其中一个结构被打断时，都会产生相应力的突变和距离的延长，力谱曲线中力的峰值对应着一个分子或其中结构被打断的力 (图 3.8(a))，这样的一个力的突变被称为一个事件。统计这些事件中力的大小，可以作出力谱分布。基于 AFM 的单分子力谱还有一种恒力模式，通过加装一个闭环反馈，使得 AFM 与磁镊实验类似，使探针加载一个恒定的力在目标分子上，研究目标分子受力情况下其拓扑结构在一定时间尺度上的变化。在后续几节中，我们将举例介绍利用 AFM 进行单分子力谱测试、AFM 力钳模式、探针修饰以及数据分析处理等。

3.5　应用举例

在本节中，我们将用两个应用实例来分别说明利用非特异性吸附和特异性针尖、基板修饰进行单分子力谱实验。

3.5.1　利用针尖与目标分子间的非特异性相互作用进行力谱研究

自然界中的能量耗散和抗冲击体系中都含有大量的金属配位结构，这些金属配位结构可以为材料提供足够的机械强度和韧性。儿茶酚-铁离子配位结构大量存在于贻贝足丝中，并且对于贻贝足丝的高韧性、良好的机械强度以及冲击力耗散起着关键作用。然而这种金属配位结构是如何产生这样的力学响应还尚未研究清楚。在本小节中，我们将介绍利用基于原子力显微镜的单分子力谱技术，研究儿茶酚–铁离子复合物的力学性质 [54]。

金属配位键的力学稳定性由复合物在受力方向活化能垒的高度和转变态距离同时决定 [55]。在实验设计中，对一个由金属键组成的复合体施加作用力非常困难。目前只有少数金属复合物的力学响应由基于原子力显微镜的单分子力谱方法研究过 [55-60]。在这些研究中，两配位金属配位键中的两个配体可以利用共价方式，分别连在原子力显微镜探针和基板表面 [58-60]。但是这种研究方法对于像儿茶酚–铁离子这样具有三重或多重配位结构的配位键则无能为力。另外还有一些实验设计研究了金属蛋白中本身含有的或人工突变的金属配位结构 [55,56]。当金属蛋白在外力下被拉伸成无规卷曲结构时，其内部的金属配位键也会被逐一打断。金属配位键断裂的力会被原子力显微镜探测，结合金属蛋白的结构信息，可以进一步分析出蛋白中金属配位结构的力学性质。然而，这样的实验设计仍不能直接用于测量多巴与铁离子配位结构。首先，天然贻贝足丝蛋白中组分较多且复杂，其中包含了许多其他类型的相互作用，这些相互作用会严重干扰对儿茶酚与铁离子的力学性质测量。另外，由于多巴是酪氨酸翻译后修饰的特殊氨基酸，对现有模式蛋白质进行人工突变并不能直接得到含多巴的蛋白序列。在本小节中，我们将介绍一种简单的实验方法，研究儿茶酚与铁离子配位结构的力学响应。这种方法是基于一个人工合成的含多巴高分子与铁离子的纳米颗粒，其颗粒内部由多个多巴–铁离子配位键组成，以此来研究多巴与铁离子的配位性质[61]。在我们的实验设计中，纳米颗粒模拟了金属蛋白解折叠的过程，而我们的设计中含有的化学环境相较金属蛋白则大大简化 (图 3.7)。用原子力显微镜探针钓起一个高分子纳米颗粒会导致纳米颗粒中儿茶酚与铁离子配位键逐一地解开，从而可以直接测量出儿茶酚与铁离子配位键的力学强度。通过进行多次拉伸–恢复操作，这个方法还可以研究金属复合物的重结合行为。

　　首先我们合成了透明质酸–多巴高分子 (HA-DOPA)。为了能够高通量地测试多巴与铁离子的配位键强度，我们需要在一条高分子链上连接多个多巴分子，以在分子链内部形成多巴–铁离子的配位结构。我们这里选择用透明质酸作为高分子骨架，透明质酸是一种多糖分子，其每一个单元侧链都带有羧基，方便化学修饰，同时，其分子黏性较大，可以与针尖、基板间形成很强的非特异性相互作用，使分子两端分别固定在针尖和基板上，方便我们研究分子中间的多巴–铁离子配位键。我们通过 EDC-NHS (N-(3-二甲基氨基丙基)-N′-乙基碳二亚胺盐酸盐与 N-羟基丁二酰亚胺) 耦连方法将多巴胺连接到透明质酸分子的羧基上，这样就形成了透明质酸–多巴分子。通过控制向反应体系加入多巴的浓度，我们将侧链上的多巴密度控制在 10% 左右，这样可以在保证形成足够多的多巴–铁离子配位体的同时，降低分子间交联的概率。接下来，我们将合成好的 HA-DOPA 分子与铁离子混合制备透明质酸–多巴–铁离子颗粒 (HA-DOPA-Fe^{3+})。在这一步需要控制溶液中 HA-DOPA 的浓度尽量低，以防止形成链间交联，保证力谱测量中都是单分子事件。由于铁离子浓度也会影响多巴和铁离子的配位数，因此在制备 HA-DOPA-Fe^{3+} 配合物时需要根据实验要求添加铁离子。然后进行单分子力谱测量，单分子力谱实验是在两台商业化的原子力显微镜上进行的 (德国 JPK 公司的 NanoWizard II 或 Force Robot)。力–距离曲线由 JPK Data Processing 软件初步处理后，由本实验室自行编写的基于 Igor Pro (Wavemetrics, Inc.) 的脚本程序进行进一步筛选、分析。每次单分子测量开始前，实验中所用的钛基板首先在去离子水中超声处理 10min，然后用铬酸浸泡 30min 除去表面杂质。基板清洁后，在基板表面滴加数滴透明质酸–多巴–铁离子纳米颗粒混合溶液并浸泡 20min，以使透明质酸–多巴–铁离子纳米颗粒物理吸附在基板表面。随后用去离子水完全冲洗基板以除去未吸附的纳米颗粒。随后，在样品池中加入约 1.5mL 的三羟甲基氨基甲烷 (Tris) 缓冲液 (100mmol/L Tris，50mmol/L NaCl, pH 为 7.2 或 9.7)。实验体系平衡 30min 以后开始单分子力谱测量。首先原子力显微镜探针以 1000nm/s 的速度靠近基板表面，并在基板上以 1~2nN 的下压力保持 2s 以使 HA-DOPA-Fe^{3+} 纳米颗粒物理吸附在原子力显微镜探针表面。在本实验中，由于我们依靠非特异性相互作用黏附透明质酸，因此需要较大的下压力以及停留时间，以使透明质酸与探针–基板间的非特异性相互作用足够强大，以支持外力打断其内部的多巴–铁离子配位键。随后，探针以相同的速度抬起，从而拉起透明质酸–多巴–铁离子纳米颗粒，将其内部的儿茶酚与铁离子的配位结构破坏。在力谱测量中，我们使用的是 MLCT 型探针。探针的劲度系数用热扰动法校正。所有力谱实验均在室温下进行。

利用原子力显微镜直接测量了 HA-DOPA-Fe^{3+} 纳米颗粒中儿茶酚–铁离子的配位键强度 (图 3.8)。在力谱测量中，首先在纯水中配制 HA-DOPA-Fe^{3+} 纳米颗粒母液，从而防止铁离子在碱性环境下水解。随后将配制好的透明质酸–多巴–铁离子纳米颗粒母液滴加在新处理的钛基板上，吸附一段时间后，加入 Tris 缓冲液 (100mmol/L Tris, 50mmol/L NaCl, pH 为 7.2) 准备力谱实验。需要说明的是，HA-DOPA-Fe^{3+} 纳米颗粒在不含铁离子的 Tris 溶液中仍然可以长时间保持稳定。在单分子测量中，原子力显微镜探针首先压在基板表面以通过物理吸附钓起一条 HA-DOPA-Fe^{3+} 纳米颗粒，然后探针上抬将高分子拉起以打断高分子内部的儿茶酚与铁离子的配位键。透明质酸分子和固体表面可以形成多个结合位点，这样使得这种非特异性吸附强度可以达到几百皮牛以上 (图 3.8)，这样的结合强度足以支撑儿茶酚与铁离子间配位键断裂的力。单分子测试中，有效事件数 (成功钓起单条 HA-DOPA-Fe^{3+} 纳米颗粒并打断多巴–铁离子配位键的事件数目) 占总事件数的 1%～2%。三条具有代表性的单分子力谱曲线如图 3.8(a) 所示。这些曲线都呈现出锯齿状断裂力的峰，这些断裂力的大小为 100～250pN。由于单配位的儿茶酚–铁离子结合中，铁离子与儿茶酚只形成了单一连接，这种结构中高分子并不会受到两个方向的作用力。因此在单分子力谱曲线中，这些力的峰主要是由于三配位和二配位的儿茶酚–铁离子相互作用引起的。我们根据高分子的弹性，利用蠕虫链模型 (WLC) 拟合每一个峰。根据蠕虫链模型，如果同时拉起多条链，拟合出的持续长度会减小 (如果拉伸一条链的持续长度是 p_1，则拉起多条链为 p_n，$p_n = p_1/n$)[62]。在刚开始拉伸 HA-DOPA-Fe^{3+} 纳米颗粒时，由于链内有多个儿茶酚–铁离子作用位点，随着儿茶酚–铁离子配位键被逐渐打断，作用位点减少，所以拟合出的持续长度逐渐增加 (图 3.8)。我们的单分子力谱曲线中，拟合出的持续长度约为 0.4nm，并且在每条力谱曲线中，我们观测到从第一个到最后一个峰拟合出的持续长度略有增加的现象 [63,64]。单分子力谱曲线中拟合出的持续长度与文献中报道的透明质酸的持续长度相一致 [63,64]，表明我们拉起了单个 HA-DOPA-Fe^{3+} 纳米颗粒。由于拉到多条链时，蠕虫链模型拟合出的持续长度不等于 0.4nm，所以这些曲线在数据分析的过程中会被排除。由于多巴是随机连接在透明质酸链的不同位置，因此在单分子力谱曲线中，每个峰的间隔也是不固定的。为了排除透明质酸分子中其他相互作用 (氢键或离子相互作用) 对测量结果的影响，我们用透明质酸和铁离子做了对照实验。在对照实验中，单分子力谱曲线上并没有持续长度为 0.4nm 的力的断裂峰。这表明在我们的实验条件下，透明质酸和铁离子并不能稳定结合。由于多巴也可以与氮化硅的探针表面和钛表面结合,所以我们还用透明质酸–多巴高分子研究了多巴与这些表面的相互作用,以排除单分子力谱曲线上的峰是由多巴与表面相互作用引起的。实验结果显示,多巴与钛表面的相互作用力大约在 80pN,这一结果与已知结果一致 [64,65]。以上对照实验可以说明,我们单分子实验中的力大多是由儿茶酚与铁离子相互作用引起的,当高分子形成纳米颗粒时,由多巴与表面结合引起的相互作用可以忽略不计。

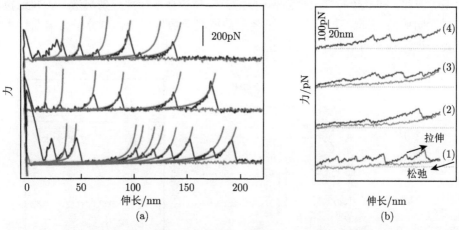

图 3.8 多巴与铁离子配位键断裂的典型力谱曲线 (a) 和代表性往复拉伸循环曲线 (b)

当撤去外力时,儿茶酚与铁离子能否重新形成配位结构,在测试重结合实验时,我们先拉伸一条透明质酸–多巴–铁离子纳米颗粒,但拉伸距离小于这一纳米颗粒的全长,以避免把高分子从探针或基板表面拉掉 (图 3.8(a))。分子内形成的儿茶酚–铁离子相互作用可以根据力–距离曲线上锯齿状峰的数目推断。接下来,我们将探针向基板表面靠近,在基板上方约 15nm 位置停留 2s,但不与表面接触。这时,被拉扯的分子不受力的作用,分子内的多巴有一定概率可以与铁离子重新结合。由于针尖没有接触到基板,基板上的其他纳米颗粒并不会黏附在探针上,不会影响后续测量。随后,重新上抬探针时,新形成的儿茶酚与铁离子配位键会被重新打断,通过观察锯齿状峰的数目,可以推断出在停留过程中新键形成的数目。如图 3.8(b) 所示,当撤去拉伸分子链的外力以后,大部分儿茶酚–铁离子相互作用都可以重新形成。由于在这一过程中,透明质酸–多巴分子是悬浮在溶液中的,并没有接触任何分子或基板表面,在重新拉伸高分子时探测到的锯齿状峰,一定是由于高分子内部的儿茶酚与铁离子的相互作用引起的。由于铁离子可以和邻近的任意一个多巴分子重新形成相互作用,因此重新形成的儿茶酚与铁离子相互作用的位置是完全随机的。有意思的是,贻贝足丝需要几个小时才能恢复其原有的

力学性质 [66]。这可能是由于在贻贝足丝中的物理、化学环境要比我们的实验环境复杂得多。在贻贝足丝中,铁离子与贻贝足丝蛋白链在拥挤环境下的扩散和运动会更加困难,需要更长的恢复时间。另外,真实足丝恢复其原有力学性质也涉及了其他可能的配位相互作用 (如锌离子和组氨酸)。我们的实验数据很难简单地与真实足丝环境类比。此外,需要说明的是,在我们的实验环境中,没有加入额外的铁离子。在打断透明质酸–多巴–铁离子纳米颗粒中儿茶酚–铁离子的相互作用后,铁离子只能以单配位的结构与多巴结合,而这种结合强度要比二配位和三配位低很多。因此,在几个拉伸–恢复循环以后,铁离子会逐渐扩散到溶液中,导致拉伸后的透明质酸–多巴–铁离子高分子链上的铁离子数目减少,单分子力谱曲线上探测到的锯齿状峰的数目也逐渐减少。

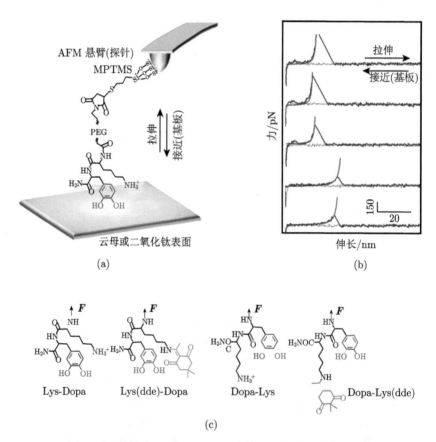

图 3.9　化学修饰法研究多巴–赖氨酸二肽协同性吸附示意图

除了上述单分子力谱研究,我们还定量研究了溶液中不同多巴与铁离子配比对其配位复合体配位数的影响,通过改变不同力加载速率,计算多巴与铁离子结合动力学常数以及进一步量化计算, 定量分析多巴与铁离子解离的过程。由于本书篇幅有限, 在此不再展开论述。

3.5.2 利用针尖修饰的方法进行单分子力谱实验

在贻贝足丝蛋白中, 除了含有丰富的多巴, 在多巴氨基酸周围还含有大量的带正电荷的赖氨酸。尽管人们对于赖氨酸在贻贝足丝蛋白中的作用仍有争议, 一些利用多巴–赖氨酸的嵌段共聚物以及短肽组成的高分子复合物已经成功地用于在液体环境下的表面黏附剂、表面改性以及表面抗污染改性等 [67–70]。在本小节中, 我们将介绍利用基于原子力显微镜的单分子力谱方法研究正电荷对多巴表面协同性吸附的影响。在本小节的研究中, 我们合成了两种含多巴和赖氨酸的二肽 (赖氨酸–多巴和多巴–赖氨酸), 通过 N-羟基琥珀酰亚胺–聚乙二醇–马来酰亚胺 (NHS-PEG-Maleimide) 将二肽特异性地修饰到 AFM 探针上, 来研究含多巴的二肽与基板的相互作用 [71]。

首先我们对 AFM 探针进行化学修饰: 先用铬酸浸泡 MLCT 型 AFM 探针 (Bruker 公司)20min, 以除去探针表面杂质, 并在探针表面生成一层硅羟基。随后用纯水冲净探针表面的铬酸, 将探针置于 0.5%(vol/vol) 的 3-巯丙基三甲氧基硅烷 (MPTMS) 的甲苯溶液中浸泡 2h, 使探针表面巯基化。结束浸泡后用大量甲苯冲洗探针, 除去未结合到探针表面的 MPTMS。随后将探针置于 100°C 的烘箱中 10min, 固化 MPTMS 和探针表面的连接。下一步, 将探针转移至 1mg/mL 的马来酰亚胺–聚乙二醇-N-羟基丁二酰亚胺 (美国 Nanocs 公司, 分子量 5000Da) 的二甲亚砜溶液 (DMSO) 中浸泡 1h, 以使探针表面连接上 PEG (聚乙二醇) 分子。PEG 链可以作为短肽与探针间的缓冲垫片, 从而减小探针与表面间的非特异相互作用。随后, 用纯水冲洗探针, 除去未反应的 PEG 链。最后将探针置于 10μmol/L 的二肽溶液中浸泡 1h, 完成探针修饰。为防止多巴氧化, 修饰好的探针即刻用于单分子力谱测量。这里需要说明的是, 定量表征探针表面多肽的修饰密度非常困难。我们根据单分子测量中的采样率, 通过 "反复试验法" 来调整探针表面多肽的密度。通过逐渐减少探针修饰过程中多肽溶液的浓度, 来降低连接到探针表面多肽的密度, 直至单分子实验中数据采样率约为 2%。在这样的采样率下, 大多数力–距离曲线都没有任何相互作用 (力的信号) 或者只有一些非特异性相互作用, 这些力谱曲线可以很容易地在数据分析过程中根据 PEG 分子的弹性力学属性来加以排除。除此之外, 保持采样率在 2% 甚至更低是单分子测量中的通用做法 [72,73], 这样可以确保我们测量的力信号是由于单个相互作用断裂的结果。假设二肽与表面的吸附作用遵从泊松统计, 在单分子测量中约 2% 的采样频率意味着在所有测得的有力信号 (相互作用) 的力–距离曲线中, 单重相互作用、二重相互作用、三重相互作用所占的比例分别为 99%, 0.99% 和 0.01%[74]。因此我们的实验条件保证了 99% 的有相互作用的力–距离曲线是二肽与表面的单重作用导致的 [75]。此外，多重相互作用可以在数据分析过程中利用蠕虫链模型排除。同时拉起多根 PEG 链时，蠕虫链模型拟合出的持续长度会比拉起单根 PEG 要小。相反，较高的采样率会提高多重相互作用在力谱测量结果中的比例。在实验中，我们选用二氧化钛和云母两种基板作为研究对象。二氧化钛和云母基板首先用环氧树脂黏附在载玻片上。基板先用甲醇超声 10min，以除去表面的杂质。接下来基板在铬酸中浸泡 2h，然后用纯水冲净基板表面多余的铬酸。最后基板用氩气吹干待用。

在力谱实验测量中，首先在液体池中加入约 1mL 的磷酸盐缓冲液 (含 10mmol/L 磷酸盐，137mmol/L NaCl，pH 为 7.4)。随后，连接了二肽的探针压向基板表面，并在基板表面保持 300 pN 的下压力停留 2s。以使二肽与基板表面产生相互作用。接下来，探针以 1000 nm/s 的速度从基板表面抬起。在所有力谱曲线中，大约有 2% 的曲线是有力信号的，这些力信号有 99% 是由二肽与基板表面相互作用引起的。这些有力信号的力谱曲线表明，在探针下压在基板表面并停留的过程中，二肽与表面间建立了相互作用，而在探针上抬过程中，这种相互作用又被打断。图 3.9(b) 为五条有代表性的赖氨酸–多巴相互作用的力–距离曲线。蠕虫链模型用于拟合二肽与基板相互作用的力–距离曲线，通过拟合力曲线中力的峰，结合 PEG 分子的力学特征 (拟合出的持续长度约在 0.36nm)，我们可以确定单分子测量中力信号是否是由二肽与基板表面的单重相互作用引起的 [76-79]。我们用不修饰二肽的带有 PEG 的探针，在相同条件下进行力谱测试作为对照实验，以确定力谱曲线中的力信号是否由二肽引起。在对照实验中，采样率降至低于 0.1%，意味着，我们采到的有力信号的力谱曲线主要是由于二肽与基板相互作用引起的。四种用于测试的多肽的分子结构总结在图 3.9 中。

我们首先分别测量了赖氨酸–多巴和赖氨酸 (2-乙酰基-5，5-二甲基-1，3-环己二酮 (dde) 保护)-多巴对二氧化钛和云母基板的相互作用。在这种二肽序列中，赖氨酸 (或被 dde 保护的赖氨酸) 被置于多巴的 N 端。每一组多肽与基板分离的力谱分布图至少由三组使用不同探针的独立力谱实验数据组成，以此避免系统误差。正如图 3.10(a) 和 (b) 所示，赖氨酸侧链氨基被保护的二肽对二氧化钛和云母表面的相互作用力分别为 130pN 和 110pN。而当 dde 保护基被去除掉，赖氨酸侧链氨基暴露出来时，二肽与两种表面的力谱分布出现了一个新的峰，对于二氧化钛表面，这个峰的位置约在 213pN，对于云母表面，这个峰的位置约在 299pN。在力谱分布图低力区域中有一个较小的峰。这个峰可能是探针上的一些二肽分子侧链的 dde 保护基团没有完全去除所致。另外还有一种可能，基板表面的粗糙度，导致二肽与基板结合的角度与受力方向不垂直，使得赖氨酸–多巴的协同性吸附作用不能建立，由此引起二肽与基板表面的结合力降低。由于力是一个动力学参量，拉伸速率对于力的测量值影响很大，因此我们开展了不同拉伸速率下的单分子力谱实验，以确定脱掉保护基团的二肽与基板表面吸附能力的提高是协同性吸附作用还是拉伸速率的不同所导致的。如图 3.10 所示，对于赖氨酸 (dde 基团保护)-多巴和赖氨酸-多巴二肽来说，其和所测的两种表面的结合力都与拉伸速率相关。拉伸速率越大，与基板解离的力也就越大。然而，在所有测量的拉伸速率下，去除 dde 保护的赖氨酸-多巴与基板的结合力都要大于有保护基团的赖氨酸-多巴二肽。这说明，这种协同性相互作用与拉伸速率无关，在任何拉伸速率下，赖氨酸和多巴对基板表面的协同性吸附都可以增加二肽对基板表面的结合力。

我们还利用相同的方法研究了赖氨酸-多巴的顺序对二肽黏附性能的影响，结果发现其多巴相邻的正电荷基团不仅可以通过移除固体表面的水化层和盐离子促进多巴与固体表面的结合 [80,81]，还可以直接通过正电荷与表面形成离子键，来加强多巴与固体表面的相互作用。这种协同性吸附相互作用与多巴复合物结构紧密相关。只有在分子内负载均匀的多肽分子内，这种协同性吸附作用才能体现。

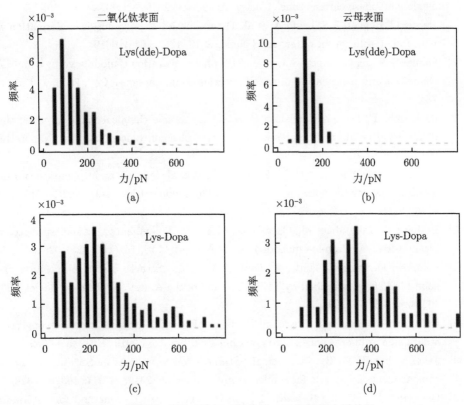

图 3.10 赖氨酸-多巴二肽与二氧化钛、云母基板力谱结果

参 考 文 献

[1] Ando T, Kodera N, Takai E, et al. A high-speed atomic force microscope for studying biological macromolecules. Proc Natl Acad Sci U S A, 2001, 98(22): 12468-12472.

[2] Kodera N, Yamamoto D, Ishikawa R, et al. Video imaging of walking myosin V by high-speed atomic force microscopy. Nature, 2010, 468(7320): 72-76.

[3] Khanikaev A B, Arju N, Fan Z, et al. Experimental demonstration of the microscopic origin of circular dichroism in two-dimensional metamaterials. Nature Communications, 2016, 7: 12045.

[4] Muller E A, Pollard B, Bechtel H A, et al. Nanoimaging and control of molecular vibrations through electromagnetically induced scattering reaching the strong coupling regime. ACS Photonics, 2018, 5(9): 3594-3600.

[5] Chen J, Badioli M, Alonso-Gonzalez P, et al. Optical nano-imaging of gate-tunable graphene plasmons. Nature, 2012, 487(7405): 77-81.

[6] Lipiec E, Ruggeri F S, Benadiba C, et al. Infrared nanospectroscopic mapping of a single metaphase chromosome. Nucleic Acids Res, 2019, 47(18): e108.

[7] Ramer G, Ruggeri F S, Levin A, et al. Determination of polypeptide conformation with nanoscale resolution in water. ACS Nano, 2018, 12(7): 6612-6619.

[8] Qamar S, Wang G, Randle S J, et al. FUS phase separation is modulated by a molecular chaperone and methylation of arginine cation-pi interactions. Cell, 2018, 173(3): 720-734.

[9] de Angelis F, Das G, Candeloro P, et al. Nanoscale chemical mapping using three-dimensional adiabatic compression of surface plasmon polaritons. Nat Nanotechnol, 2010, 5(1): 67-72.

[10] Rodriguez R D, Sheremet E, Deckert-Gaudig T, et al. Surface- and tip-enhanced Raman spectroscopy reveals spin-waves in iron oxide nanoparticles. Nanoscale, 2015, 7(21): 9545-9551.

[11] Pashaee F, Tabatabaei M, Caetano F A, et al. Tip-enhanced Raman spectroscopy: plasmid-free vs. plasmid-embedded DNA. Analyst, 2016, 141(11): 3251-3258.

[12] Kurouski D, Deckert-Gaudig T, Deckert V, et al. Structure and composition of insulin fibril surfaces probed by TERS. Journal of the American Chemical Society, 2012, 134(32): 13323-13329.

[13] Cosentino M, Canale C, Bianchini P, et al. AFM-STED correlative nanoscopy reveals a dark side in fluorescence microscopy imaging. Sci Adv, 2019, 5(6): eaav8062.

[14] Janel S, Popoff M, Barois N, et al. Stiffness tomography of eukaryotic intracellular compartments by atomic force microscopy. Nanoscale, 2019, 11(21): 10320-10328.

[15] Cleveland J P, Manne S, Bocek D, et al. A nondestructive method for determining the spring constant of cantilevers for scanning force microscopy. Review of Scientific Instruments, 1993, 64(2): 403-405.

[16] Sader J E, Larson I, Mulvaney P, et al. Method for the calibration of atomic force microscope cantilevers. Review of Scientific Instruments, 1995, 66(7): 3789-3798.

[17] Sader J E, Chon J W M, Mulvaney P. Calibration of rectangular atomic force microscope cantilevers. Review of Scientific Instruments, 1999, 70(10): 3967-3969.

[18] Green C P, Lioe H, Cleveland J P, et al. Normal and torsional spring constants of atomic force microscope cantilevers. Review of Scientific Instruments, 2004, 75(6): 1988-1996.

[19] Israelachvili J N. Units, Symbols, Useful Quantities and Relations//Intermolecular and Surface Forces. 3rd ed. San Diego: Academic Press, 2011: xxiii-xxviii.

[20] Sader J E. Frequency response of cantilever beams immersed in viscous fluids with applications to the atomic force microscope. Journal of Applied Physics, 1998, 84(1): 64-76.

[21] Garcia R, Pérez R. Dynamic atomic force microscopy methods. Surface Science Reports, 2002, 47(6): 197-301.

[22] Tamayo J, Humphris A D L, Owen R J, et al. High-Q dynamic force microscopy in liquid and its application to living cells. Biophysical Journal, 2001, 81(1): 526-537.

[23] Moreno-Herrero F, Colchero J, Gomez-Herrero J, et al. Atomic force microscopy contact, tapping, and jumping modes for imaging biological samples in liquids. Phys Rev E Stat Nonlin Soft Matter Phys, 2004, 69(3 Pt 1): 031915.

[24] Cleveland J P, Anczykowski B, Schmid A E, et al. Energy dissipation in tapping-mode atomic force microscopy. Applied Physics Letters, 1998, 72(20): 2613-2615.

[25] Xu X, Carrasco C, de Pablo P J, et al. Unmasking imaging forces on soft biological samples in liquids when using dynamic atomic force microscopy: a case study on viral capsids. Biophys J, 2008, 95(5): 2520-2528.

[26] Tzima E, Irani-Tehrani M, Kiosses W B, et al. A mechanosensory complex that mediates the endothelial cell response to fluid shear stress. Nature, 2005, 437(7057): 426-431.

[27] Kielar C, Ramakrishnan S, Fricke S, et al. Dynamics of DNA origami lattice formation at solid-liquid interfaces. ACS Appl Mater Interfaces, 2018, 10(51): 44844-44853.

[28] Stamov D R, Stock E, Franz C M, et al. Imaging collagen type I fibrillogenesis with high spatiotemporal resolution. Ultramicroscopy, 2015, 149: 86-94.

[29] Rico F, Gonzalez L, Casuso I, et al. High-speed force spectroscopy unfolds titin at the velocity of molecular dynamics simulations. Science, 2013, 342(6159): 741-743.

[30] Rico F, Russek A, Gonzalez L, et al. Heterogeneous and rate-dependent streptavidin-biotin unbinding revealed by high-speed force spectroscopy and atomistic simulations. Proc Natl Acad Sci U S A, 2019, 116(14): 6594-6601.

[31] Uhlig M R, Amo C A, Garcia R. Dynamics of breaking intermolecular bonds in high-speed force spectroscopy. Nanoscale, 2018, 10(36): 17112-17116.

[32] Hu S, Raman A. Inverting amplitude and phase to reconstruct tip-sample interaction forces in tapping mode atomic force microscopy. Nanotechnology, 2008, 19(37): 375704.

[33] Su C, Huang L, Kjoller K, et al. Studies of tip wear processes in tapping mode^{TM} atomic force microscopy. Ultramicroscopy, 2003, 97(1): 135-144.

[34] Hu Y H S, Su C. Method and apparatus of operating a scanning probe microscope. United States Patent Application Publication, 2010.

[35] Pyne A, Thompson R, Leung C, et al. Single-molecule reconstruction of oligonucleotide secondary structure by atomic force microscopy. Small, 2014, 10(16): 3257-3261.

[36] Thoma J, Ritzmann N, Wolf D, et al. Maltoporin lamb unfolds beta hairpins along mechanical stress-dependent unfolding pathways. Structure, 2017, 25(7): 1139-1144.

[37] Rico F, Su C, Scheuring S. Mechanical mapping of single membrane proteins at sub-molecular resolution. Nano Lett, 2011, 11(9): 3983-3986.

[38] Li B, Wang X, Li Y, et al. Single-molecule force spectroscopy reveals self-assembly enhanced surface binding of hydrophobins. Chemistry, 2018, 24(37): 9224-9228.

[39] Cai J. Atomic Force Microscopy in Molecular and Cell Biology. Singapore: Springer, 2018.

[40] Gutierrez J, Mondragon I, Tercjak A. Quantitative nanoelectrical and nanomechanical properties of nanostructured hybrid composites by peakforce tunneling atomic force microscopy. The Journal of Physical Chemistry C, 2014, 118(2): 1206-1212.

[41] Eichhorn J, Kastl C, Cooper J K, et al. Nanoscale imaging of charge carrier transport in water splitting photoanodes. Nature Communications, 2018, 9(1): 2597.

[42] Wang L, Wang H, Wagner M, et al. Nanoscale simultaneous chemical and mechanical imaging via peak force infrared microscopy. Sci Adv, 2017, 3(6): e1700255.

[43] Wang H, Wang L, Jakob D S, et al. Tomographic and multimodal scattering-type scanning near-field optical microscopy with peak force tapping mode. Nature Communications, 2018, 9(1):2005.

[44] Huang Q, Wang H, Gao H, et al. *In situ* observation of amyloid nucleation and fibrillation by fastscan atomic force microscopy. J Phys Chem Lett, 2019, 10(2): 214-222.

[45] Janel S, Popoff M, Barois N, et al. Stiffness tomography of eukaryotic intracellular compartments by atomic force microscopy. Nanoscale, 2019, 11: 10320-10328.

[46] Moy V T, Florin E L, Gaub H E. Intermolecular forces and energies between ligands and receptors. Science, 1994, 266(5183): 257-259.

[47] Walsh-Korb Z, Yu Y, Janecek E R, et al. Single-molecule force spectroscopy quantification of adhesive forces in cucurbit[8]Uril-host guest ternary complexes. Langmuir, 2017, 33(6): 1343-1350.

[48] Tan X, Litau S, Zhang X, et al. Single-molecule force spectroscopy of an artificial DNA duplex comprising a silver(I)-mediated base pair. Langmuir, 2015, 31(41): 11305-11310.

[49] Churnside A B, Perkins T T. Ultrastable atomic force microscopy: improved force and positional stability. FEBS Lett, 2014, 588(19): 3621-3630.

[50] Sullan R M, Churnside A B, Nguyen D M, et al. Atomic force microscopy with sub-picoNewton force stability for biological applications. Methods, 2013, 60(2): 131-141.

[51] Burnham N A, Chen X, Hodges C S, et al. Comparison of calibration methods for atomic-force microscopy cantilevers. Nanotechnology, 2002, 14(1): 1-6.

[52] Dufrene Y F, Hinterdorfer P. Recent progress in AFM molecular recognition studies. Pflugers Arch, 2008, 456(1): 237-245.

[53] Hutter J L, Bechhoefer J. Calibration of atomic-force microscope tips. Review of Scientific Instruments, 1993, 64(7): 1868-1873.

[54] Li Y, Wen J, Qin M, et al. Single-molecule mechanics of catechol-iron coordination bonds. ACS Biomaterials Science & Engineering, 2017, 3(6): 979-989.

[55] Zheng P, Chou C C, Guo Y, et al. Single molecule force spectroscopy reveals the molecular mechanical anisotropy of the FeS_4 metal center in rubredoxin. Journal of the American Chemical Society, 2013, 135(47): 17783-17792.

[56] Zheng P, Li H. Highly covalent ferric-thiolate bonds exhibit surprisingly low mechanical stability. Journal of the American Chemical Society, 2011, 133(17): 6791-6798.

[57] Lee H, Scherer N F, Messersmith P B. Single-molecule mechanics of mussel adhesion. Proc Natl Acad Sci U S A, 2006, 103(35): 12999-13003.

[58] Conti M, Falini G, Samori B. How strong is the coordination bond between a histidine tag and Ni-nitrilotriacetate? An experiment of mechanochemistry on single molecules. Angew Chem, 2000, 39(1): 215-218.

[59] Hao X, Zhu N, Gschneidtner T, et al. Direct measurement and modulation of single-molecule coordinative bonding forces in a transition metal complex. Nature Communications, 2013, 4: 2121.

[60] Xue Y, Li X, Li H, et al. Quantifying thiol-gold interactions towards the efficient strength control. Nature Communications, 2014, 5: 4348.

[61] Hosono N, Kushner A M, Chung J, et al. Forced unfolding of single-chain polymeric nanoparticles. Journal of the American Chemical Society, 2015, 137(21): 6880-6888.

[62] Sarkar A, Caamano S, Fernandez J M. The mechanical fingerprint of a parallel polyprotein dimer. Biophys J, 2007, 92(4): L36-L38.

[63] Han X T, Qin M, Pan H, et al. A versatile "multiple fishhooks" approach for the study of ligand-receptor interactions using single-molecule atomic force microscopy. Langmuir, 2012, 28(26): 10020-10025.

[64] Li Y, Qin M, Cao Y, et al. Single molecule evidence for the adaptive binding of DOPA to different wet surfaces. Langmuir, 2014, 30(15): 4358-4366.

[65] Wang J, Tahir M N, Kappl M, et al. Influence of binding-site density in wet bioadhesion. Advanced Materials, 2008, 20(20): 3872-3876.

[66] Carrington E, Gosline J M. Mechanical design of mussel byssus: load cycle and strain rate dependence. American Malacological Bulletin, 2004, 18: 135-142.

[67] Ahn B K, Das S, Linstadt R, et al. High-performance mussel-inspired adhesives of reduced complexity. Nature Communications, 2015, 6: 8663.

[68] Statz A R, Meagher R J, Barron A E, et al. New peptidomimetic polymers for an-
tifouling surfaces. Journal of the American Chemical Society, 2005, 127(22): 7972,
7973.

[69] Yamamoto H. Synthesis and adhesive studies of marine polypeptides. J Chem Soc.
Perkin Trans, 1987, 1 (3): 613-618.

[70] Yu M E, Hwang J Y, Deming T J. Role of L-3, 4-dihydroxyphenylalanine in mussel
adhesive proteins. Journal of the American Chemical Society, 1999, 121(24): 5825,
5826.

[71] Li Y, Wang T, Xia L, et al. Single-molecule study of the synergistic effects of positive
charges and Dopa for wet adhesion. Journal of Materials Chemistry B, 2017, 5(23):
4416-4420.

[72] Ebner A, Wildling L, Kamruzzahan A S, et al. A new, simple method for linking of
antibodies to atomic force microscopy tips. Bioconjug Chem, 2007, 18(4): 1176-1184.

[73] Wildling L, Unterauer B, Zhu R, et al. Linking of sensor molecules with amino groups
to amino-functionalized AFM tips. Bioconjug Chem, 2011, 22(6): 1239-1248.

[74] Chesla S E, Selvaraj P, Zhu C. Measuring two-dimensional receptor-ligand binding
kinetics by micropipette. Biophys J, 1998, 75(3): 1553-1572.

[75] Evans E. Probing the relation between force-lifetime-and chemistry in single molecular
bonds. Annu Rev Biophys Biomol Struct, 2001, 30: 105-128.

[76] Hinterdorfer P, Baumgartner W, Gruber H J, et al. Detection and localization of
individual antibody-antigen recognition events by atomic force microscopy. Proc Natl
Acad Sci U S A, 1996, 93(8): 3477-3481.

[77] Liu K, Zheng X, Samuel A Z, et al. Stretching single polymer chains of donor-acceptor
foldamers: toward the quantitative study on the extent of folding. Langmuir, 2013,
29(47): 14438-14443.

[78] Zhang Y, Liu C, Shi W, et al. Direct measurements of the interaction between pyrene
and graphite in aqueous media by single molecule force spectroscopy: understanding
the pi-pi interactions. Langmuir, 2007, 23(15): 7911-7915.

[79] Oesterhelt F, Rief M, Gaub H E. Single molecule force spectroscopy by AFM indicates
helical structure of poly(ethylene-glycol) in water. New J Phys, 1999, 1: 1-6.

[80] Maier G P, Rapp M V, Waite J H, et al. BIOLOGICAL ADHESIVES. Adaptive
synergy between catechol and lysine promotes wet adhesion by surface salt displacement.
Science, 2015, 349(6248): 628-632.

[81] Rapp M V, Maier G P, Dobbs H A, et al. Defining the catechol-cation synergy for
enhanced wet adhesion to mineral surfaces. Journal of the American Chemical Society,
2016, 138(29): 9013-9016.

第 4 章　基于单分子力谱的分子识别成像

王　鑫

在微纳尺度上对生物体系进行分子识别、高精度空间定位甚至是分子动力学信息的定量分析对生物物理、疾病机理、药物研发等方面的研究有着重要的指导意义。传统的 AFM 成像技术提供的高度图、相位图或者其他衬度成像都无法直观地用于所探测生物分子的种类与化学特性。使用 AFM 获得高度图像，往往需要结合多种手段以确认获得图像为感兴趣的生物大分子。例如，在蛋白质的 AFM 成像过程中，获取的单个蛋白质颗粒图像往往难以给出蛋白质的具体外形以鉴别蛋白质种类，通常需要通过增加可以与蛋白质结合的抗体或其他配体蛋白来改变 AFM 成像中获取的颗粒尺寸，以进一步印证测量结果。或者可以使用特异性荧光标记的方法，结合全内反射荧光显微术 (TIRFM)、共聚焦显微术以及超分辨荧光技术实现对蛋白质的 AFM 形貌表征与共定位的鉴别。无论是通过抗体结合改变蛋白质的形貌还是通过荧光标记产生荧光信号，这些标记技术都在一定程度上干扰了生物大分子的本征行为，难以直观地给出干扰下的特性表征。此外，这些标记技术也难以给出其相关结合动力学的表征。单分子力谱技术可以在单分子尺度上通过力曲线进行配体-受体相互作用力的测量实验。使用配体修饰过的 AFM 探针，对细胞、生物膜或者生物大分子进行基于力曲线的成像，可以在获取生物体系形貌图的同时分析其特征受体的分布情况。进一步可以通过力曲线的解离力分析，实现配体-受体相互作用的原位动力学分析。本章将主要介绍基于单分子力谱技术进行分子识别的应用进展。

4.1　分子成像识别的发展与基于力曲线的分子识别

在生物体系中，对不同分子进行成像一直是生物学研究的重要手段。1941 年，Coons 等提出了使用有荧光特性的抗体对肺炎球菌进行标记的方法 [1]，开启了免疫荧光成像技术对细胞在分子层面进行分析的大门。随着荧光蛋白 [2,3]、荧光染料 [4,5] 与标记技术 [6-8] 的发展，在活细胞表面与细胞内的特定分子标记成为可能，例如，通过荧光蛋白在体内的融合表达观察细胞中肌动蛋白 [9]、黏着斑蛋白 [10] 的动力学过程。荧光显微术、扫描激光共聚焦显微术 (SLCM)、结构光照明显微术 (SIM) 以及 TIRFM 等技术使我们对细胞内以及细胞表面的蛋白、核酸、脂质甚至 Ca^{2+} [11] 实现高分辨的成像。光激活定位显微术 (photoactivated localization microscopy, PALM)、随机光学重构显微术 (stochastic optical reconstruction microscopy, STORM)[12,13] 以及受激发射损耗荧光显微术 (stimulated emission depletion microscopy, STED) 等超分辨技术的出现，使得基于荧光标记化学定位的技术达到了前所未有的分辨率，可以在 20 nm 的空间分辨率下定位荧光标记的生物分子。然而，上述方法更多的是研究生物大分子在细胞内与细胞表面的浓度、分布、扩散以及相关的动力学问题，对于分子本身的动力学行为则较少涉及。此外，荧光标记与超分辨技术会带来光毒性，荧光免疫技术通常需要固定，这限制了这些技术在活细胞中的应用。基于 TIRFM 的荧光共振能量转移技术 (fluorescence resonance energy transfer, FRET) 则更加侧重分子本身的动力学特征 [15]，用于实时地分析蛋白质 [16,17]、核酸 [18] 的构象变化与配体–受体复合体 [19–22] 的动力学过程。FRET 技术为了获取较好的信噪比通常与 TIRFM 结合，TIRFM 通常只能激发衬底表面约 100 nm 以内的荧光信号，限制了其在细胞层面上的应用，通常只能用于细胞贴壁一侧的动力学分析 [23–26]。

　　AFM 已成为对细胞表面进行高分辨率成像的有力工具。相对于荧光光学方法，AFM 成像有着更高的空间分辨率，无须荧光标记且几乎不会对细胞造成影响。相对于电镜方法，AFM 可对活细胞进行成像，无须重金属染色也能达到高分辨率的形貌成像。因此，AFM 广泛应用于生物大分子、细胞等在生理环境下的成像实验。在前面介绍过，早期的 AFM 技术使用力曲线进行成像时，成像质量有限且耗时极长，不利于分析生命体系在特定状态下的形态学或者化学相互作用信息。为了快速地获取衬底上或者细胞表面的生物单分子的化学信息，人们通过对探针进行特征性的配体修饰，提出了 TREC 技术 (topography and recognition imaging)。该技术由一种早期磁力驱动的振幅调制成像 (MAC) 技术 [27] 演化而来，基于电磁场驱动磁性探针，使探针在几千赫兹附近振动，振幅控制在几纳米，基于振幅反馈用于液体环境中成像。Hinterdorfer 等将 MAC 技术发展为 TREC 技术 [28,29]，将磁性探针化学修饰上溶菌酶抗体，使用这样的探针在 MAC 模式下对吸附有溶菌酶的衬底进行成像，同时将信号提取出来进行分析。如图 4.1 所示，悬臂在压电陶瓷带动下做正弦周期运动，在每个运动周期中，正弦信号的最低值反映的是样品形貌信息并用于反馈成像，正弦信号的最大值反映的是抗体与蛋白结合后对探针运动的阻碍效应，并以此作为分子识别的信号。基于 TREC，通过相互作用方法进行分子识别，广泛用于单个蛋白质的鉴定。Xu 研究组将 TREC 技术应用于蓖麻毒素特征配体的研发，将可能的配体修饰在探针上，对吸附有蓖麻毒素的衬底进行成像，获取配体与蓖麻毒素的结合信息 [30]，结合模拟甚至可以研究配体在蓖麻毒素上的结合位点 [31]。Manna 等通过在探针上同时修饰两个配体，实现了混合蛋白质体系的分步鉴别 [32]。如图 4.1 所示，探针上的三叉分子携带了凝血酶结合分子与环形 RGD 分子用于分别检测凝血酶与 $\alpha_5\beta_1$ 整合素，图 4.2 为两种蛋白的混合识别图，用凝血酶阻碍探针上的凝血酶结合分子可以获得单纯 $\alpha_5\beta_1$ 整合素的分子识别图像，随后用 $\alpha_5\beta_1$ 整合素封闭环形 RGD 分子则获得无信号的分子识别图像。AFM 的成像不局限于纳米级蛋白颗粒的识别，同样可以用于细胞表面蛋白质等生物大分子的识别，Wang 等将 RTEC 技术应用于探测鼠伤寒沙门氏菌表面的外膜蛋白 (OMP) [33]，Zhao 等将 TREC 技术应用于表征 HeLa 细胞表面的半乳糖分布 [34]，甚至 Creasey 等将 TREC 技术应用于组织表面，研究了晶状体囊上的蛋白分布 [35]。然而，TREC 技术并没有对探针与样品的力进行直观的控制，使得无法对样品进行更高分辨的成像，也无法知道在打开一个配体–受体相互作用时具体的力有多大，限制了动力学相关的研究。对配体–受体解离力与动力学的研究，仍旧沿用单分子力谱技术方法，与原位的分子识别图像割裂开来 [28,31–34,36]。通过以上对 TREC 模式工作原理的介绍，我们不难发现 TREC 模式有着许多峰值力轻敲模式的"影子"。例如，TREC 模式是基于探针做正弦运动的最低值来进行形貌反馈，峰值力轻敲模式是依据探针振动位置的最低值进行反馈，在分子识别方面，TREC 模式是根据正弦运动的最大值作为分子识别的信号，而峰值力轻敲模式则是直接读取相互作用力作为分子识别的信息。峰值力轻敲模式同样工作在几千赫兹的频率下，单位时间内获取的分子识别信息与 TREC 技术处于同样的量级，就成像速度来讲，TREC 技术也不具有更显著优势。基于峰值力轻敲模式与定量成像模式的高速力曲线成像技术逐步成为分子识别技术的有力工具。

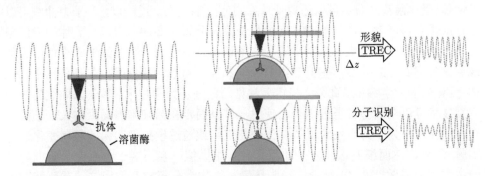

图 4.1 抗体溶菌酶相互作用的测量

通过前面几章的介绍，我们已经看到了单分子力谱技术对化学、生物学中相互作用动力学研究的强大能力。以配体–受体结合相互作用为例，通过使用配体化学修饰的探针，可以测量衬底上特定受体的结合情况。每当在力曲线上获得对应的解离事件，即对应着观察到一次配体–受体相互作用在结合后发生解离的事件，意味着我们探测到了衬底上的受体。基于这样的考虑，可以在每个像素点上进行

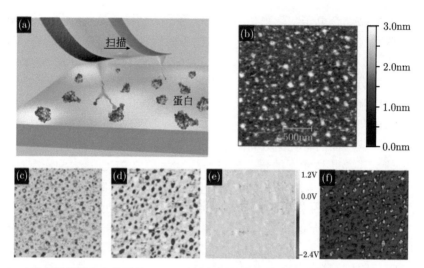

图 4.2　三叉分子携带亲和分子的 AFM 多路复用识别成像和蛋白质的检测。(a) 三叉分子携带了环形 RGD 分子和凝血酶结合分子，可以通过分子识别成像获取 $\alpha_5\beta_1$ 整合素和凝血酶的识别成像。(b) TREC 形貌成像。(c) $\alpha_5\beta_1$ 整合素与凝血酶的混合成像。(d) 凝血酶结合分子封闭后，$\alpha_5\beta_1$ 整合素的识别成像。(e) 环形 RGD 分子封闭后，无识别信号。(f) 凝血酶 (黑色) 与 $\alpha_5\beta_1$ 整合素 (绿色) 的分布标记图 [32]

一次或者多次力曲线测量得到一个力曲线阵列。通过分析每条力曲线是否观察到了配体–受体解离事件，可以还原受体在衬底上的分布。进一步，基于力曲线可以进行成像获得高度图，将形貌高度图与受体的分布图叠加，可以将受体的空间分布与形貌特征结合起来，从而实现了分子识别。通过分析力曲线解离事件中力加载速率与解离力的关系，基于 Bell-Evans 模型，可以获得在当前生理条件下，配体–受体的动力学特征。此外，相较于常见的单分子力谱技术，基于力曲线的分子识别技术可以在细胞甚至组织表面使用，可以确定在活细胞表面生物大分子的分布与活性。单分子力谱技术通常在体外使用，或通过模拟细胞内的环境变化进行实验 [39,40]，然而细胞这一复杂体系有时很难模拟，甚至对于没有完全研究清楚的生理过程要做 "黑盒" 处理，细胞环境与生物大分子相互作用这一重要影响因素通过分子识别技术可以得到有效评估。通过改变成像的液体环境条件，如温度、pH、离子浓度、特定伴侣分子浓度或者激活细胞的某个基因表达等，不仅可以确定配体–受体相互作用在活细胞表面的动力学变化，还可以统计在该状态下受体在细胞表面的密度分布。细胞在受到某种刺激之后，产生的化学通路可以是多样的，这些反应大多发生在细胞膜表面的受体上，可能激活或者沉默该受体，或者是在特定位置招募或解散某种受体，两种情形可能带来类似的结果，即表观上增强或者降低了受体蛋白的总体活性。体外的单分子力谱技术忽视了受体蛋白本身在细胞表面的分布情况，可能会忽视这一变化给细胞带来的影响，而基于力曲线的分子识别技术则很好地弥补了这一不足 (图 4.3)。细胞化学通路对外界刺激的响应往往是时间依赖的，这对分子识别成像的速度也有着一定的要求，将高速力曲线成像模式与活细胞培养结合起来，可以更好地对细胞生理学进行研究。

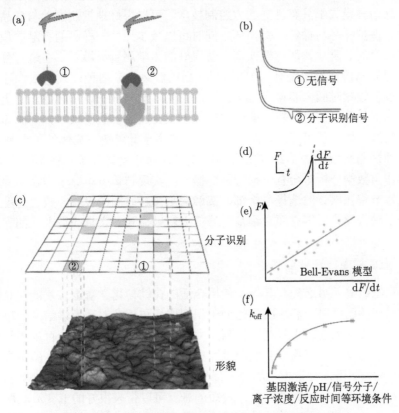

图 4.3 使用力曲线模式对膜蛋白进行分子识别示意图

    基于力曲线的分子识别模式，还可以结合荧光显微镜等技术实现多种通道的同时综合信息获取 [41,42]，对细胞生理学特征的评估最大化。力曲线获得细胞的形貌、刚度、杨氏模量等力学信息，同时可以利用细胞的杨氏模量或者误差图获取细胞膜下面细胞骨架或者细胞器的信息。借助荧光显微镜或者共聚焦显微镜，可以获取细胞内蛋白质、信号分子、马达蛋白、细胞骨架、细胞器甚至 Ca^{2+} 等离子的荧光信号变化，借助 TIRFM 获取细胞贴附衬底的膜表面蛋白分布等信息。同时利用分子识别成像，获取细胞表面膜上的蛋白分布、相互作用动力学等信息。细胞从整体的模量特征到宏观的迁移行为，到细胞内相应的通路响应，到细胞膜

表面分子的分布与动力学特性变化，在 AFM 与光学结合的平台上得以有效统一
地表征。

4.2　基于峰值力轻敲模式或定量成像模式的分子识别成像

　　前面的章节中我们介绍了峰值力轻敲模式与定量成像模式的基本成像原理与
特点。这两种模式都具有良好的力控制技术，可以很好地控制探针与样品的最大
接触力，保护样品与探针不受损坏，同时可以减少探针与样品的接触面积，带来
更优异的空间分辨率。两种模式都有着很好的力学测量灵敏度，在进行分子识别
实验时可以精确地测量配体–受体相互作用的解离力。两种模式的成像速度都很
快，可以在较短时间内获得高像素密度的空间形貌与分子识别成像，给出生物样
品表面的受体分布信息。较高的成像速度不仅提高了实验的效率，同时为观察动
态的生物过程提供了可能。然而，这两种模式由于针对快速成像做了大量的优化，
其工作原理与传统的力曲线模式有细微差异，这些差异导致了在实际实验设计、
具体操作与数据分析时会有一些特别的操作，实现与传统单分子力谱实验统一的
方法。本节将在探针的选择与修饰、接触力与接触时间的设置、成像速度设置以
及单分子动力学分析等方面介绍基于峰值力轻敲模式与定量成像模式的具体实现
方法。

4.2.1　探针的选择与修饰

　　所谓工欲善其事必先利其器，使用合适的探针与化学修饰，才能在获得良好
生物样品形貌的同时，获取准确的分子识别成像与相应的动力学信息。单分子力
谱技术对于探针的选择主要在于较高的力学灵敏度，对几十到几百皮牛级别的力
能够准确地测量。劲度系数更低的悬臂虽然可测的力学范围较小，但是具有更好
的力学分辨率，可以测量更小的力学信号，如 MLCT 系列、MSNL、NP、SNL 等
探针。对于相同劲度系数的探针，较短的悬臂可以带来很好的形变灵敏度，对同
样的悬臂弯曲形变，更短的探针有着更大的偏转角度，从而带来更大的光杠杆偏
转信号，提升力学信号的灵敏度。短且小的探针 (如 BioLever、AC40 等探针) 会
带来更优异的力学性能。峰值力轻敲模式与定量成像模式通常用来进行空间形貌
与杨氏模量分布的测量。测量形貌中通常只需要相对较软的探针来进行形貌成像。
杨氏模量的测量通常会选取特定劲度系数的悬臂测量对应硬度范围样品的杨氏模
量。简单说来，越硬的样品需要选取劲度系数更大的悬臂对样品产生足够的形变，
以确保有足够的形变用于杨氏模量的拟合。一般来讲，较硬的悬臂往往力学分辨
率较低，不能满足某些需要测量小力信号的单分子力谱实验需求。此时，我们需
要更多地迁就单分子力学信号的要求，选取较软的探针进行分子识别实验。好在
生物样品的杨氏模量都比较低，一般软探针也可以得到相对准确的杨氏模量，即

使对于较硬的样品,软探针也可给出相应的软硬衬度,适当补偿分子识别实验中杨氏模量测量的不足。与单分子力谱技术相比,这两种成像模式要求探针可以很快地进行力曲线测试,因此除了力学灵敏度要求之外,探针需要能适应高速的力曲线工作模式。探针在高速运动时,运动中的高频成分会显著增多,若探针的共振频率较低,则探针容易引起振荡影响力曲线的测量。因此,较高共振频率也是分子识别成像的重要考虑因素。目前成熟的探针设计理论和微纳加工技术可以很好地制造出悬臂较短且软、有高共振频率的探针,AC40、AC10 等探针在液体环境中仍然具有几十千赫兹以上的共振频率,被广泛地应用于分子识别成像的研究中 [43,44]。此外,分子识别成像的研究经常在细胞表面进行,细胞有着较大的起伏,通常在几百纳米到几微米的量级。这要求探针的针尖尖端到悬臂有足够的距离,以确保针尖尖端在接触细胞高度较低的区域时,悬臂不会受到细胞较高区域的阻碍。此外,探针的针尖不追求特别锐利,以防止在实验过程中扎破细胞膜影响实验。在满足上述要求的同时,细胞表面的分子识别实验仍然要求选用高力学灵敏度、高共振频率的探针。近些年来,PFQNM-LC 这款探针由于具有上述优势,被用于基于峰值力轻敲模式进行细胞表面分子识别的研究 [41,45]。关于这些探针的具体参数,可以在各个探针制造商的官方网站获取。

在设计探针修饰实验的过程中,也需要更多特殊的考量。单分子力谱的实现需要在探针上修饰较长的惰性高分子链 (如无规多肽链 [46]、PEG[47−49] 等) 并以感兴趣的分子作为尾部。较长的分子链有利于避开探针本身与样品表面的非特异黏附,起到屏蔽剂的作用,同时也有助于准确地拟合高分子链的物理参数,将高分子链的力–伸长特征作为指纹谱以鉴别单分子事件。然而,为了获得更高的空间分辨率,分子识别成像通常不会使用过长的高分子链作为指纹谱,往往需要在成像的空间分辨率与单分子力谱结果分析两方面之间进行平衡。通常较短的 PEG 链会作为感兴趣分子与探针之间的连接进行实验,如广泛使用的双功能化 PEG27(即有 27 个重复单元的聚乙二醇长链,长链两个末端拥有正交的官能团),可以在力曲线中贡献大约 10 nm 的伸长,保证力曲线分析可行性的同时兼顾了良好的空间分辨率 [41,43−45]。有些研究甚至直接使用短链小分子作为感兴趣分子与探针的连接进行分子识别成像研究,也获得了较为理想的结果 [50,51]。对于这种短链作为连接的实例通常有以下几种应用。第一种是分子级别高分辨成像与分子识别成像结合使用的情形,如探究膜蛋白的修饰位点,需要纳米级尺度的分辨率,长分子链已经无法满足这一需求 [52,53]。第二种是细胞表面大范围分子识别成像,此时像素点之间的距离往往在几十纳米甚至更大,使用几十纳米的短链作为连接不会影响分子识别成像的分辨率。此外,对于在细胞表面的分子识别实验,细胞的柔软表面在探针拉伸配体–受体相互作用时会发生较大的拉伸形变,在力曲线中贡献更长的伸长距离,帮助我们识别配体–受体相互作用的事件。

在细胞表面的分子识别实验中，为了减少非特性结合对实验造成的干扰，导致"误识别"，对针尖合理屏蔽是必要的。例如，使用短链且不含活性官能团的 PEG 分子，不仅可以"稀释"针尖上有效配体的数目，减少多分子同时结合的可能，也可以很好地屏蔽探针本身与细胞膜上蛋白、多糖以及磷脂的相互作用，减少"误识别"的发生。

4.2.2　接触力与接触时间的设置

通过控制探针与基板的接触时间与接触力可以调节测量到的单分子事件占总事件数的比例，这对于单分子力谱实验来说是十分重要的。较低的接触力与较短的接触时间会使配体–受体结合的概率很低，往往大量的力曲线都是配体–受体未发生结合的零相互作用力事件，这会极大地影响我们研究的效率。反之，较大的接触力与较长的接触时间会增加探针上配体与样品表面受体结合的概率，使我们更容易测量到配体–受体结合事件。然而，当配体–受体结合的概率过大时，实验中会经常观察到多个配体–受体同时结合的现象，当然这对于单分子事件的分析是无效的，同样也会影响研究的效率。因此需要适当地平衡接触力与接触时间来优化采集到的单分子事件的比例。单分子力谱实验可以在控制软件中设定力曲线压在样品上的最大接触力，也可以设定以某个恒力在样品上的按压时间，来控制接触力与接触时间。通常在这种长时间的探针样品接触过程中，探针施加的压力从零变化到最大接触力的时间很短，可以忽略不计。

分子识别实验中，要识别的受体分子对于探针的尺寸来说往往是"稀疏"的。基于峰值力轻敲模式与定量成像模式的探针运动速度很快且无法在样品表面长时间按压，配体–受体结合的过程仅仅发生在探针施加压力从零变到最大接触力随后变回零这段极短的接触时间内 (通常是微秒到毫秒的量级)。这些特点都从动力学上抑制了配体–受体结合的概率。因此，我们往往需要通过参数的调整来适当增长接触时间以增大配体–受体结合的概率，从而获得更多的单分子事件。此外，更多的单分子事件意味着分子识别成像中有更少的配体被遗漏 (有配体存在但未发生配体–受体结合的情形)，保证了分子识别分布的完整性。

对于接触力来说，两种成像模式都可以用控制软件直接设定。峰值力轻敲模式中的峰值力参考值 (peakforce setpoint) 即探针与样品的最大接触力。定量成像模式也只需在软件中设置触发力 (setpoint) 即可实现对最大接触力的控制。

对于接触时间来说，两种模式的控制有着显著的差异。定量成像模式采用了匀速接近探针并匀速回撤的运动方式，因此对这种模式接触时间的估计较为简单。如图 4.4 所示，如果我们认为样品是刚性的，探针压在样品上达到最大接触力所走的距离对应压电陶瓷的移动 Δz，可以从压电陶瓷位置相对时间的曲线上直接读出，并读出对应的时间 τ。相比于读出接触时间，我们更想知道如何调整参数改变接触时间。仍然认为样品是刚性的,则探针施力为零变化到最大接触力 F_{setpoint},压电陶瓷所走的距离为

$$\Delta z = \frac{F_{\text{setpoint}}}{k_{\text{spring}}} \tag{4.1}$$

其中,k_{spring} 为悬臂劲度函数。压电陶瓷的运动是恒定的,速度为 v。因此探针与样品的接触时间可估计为

$$\tau = 2\frac{\Delta x}{v} = \frac{2}{v}\frac{F_{\text{setpoint}}}{k_{\text{spring}}} \tag{4.2}$$

只需要简单地降低探针的运动速度并适当增加接触力就可以调整接触时间。此外,考虑到样品往往是非刚性的,在受力时是会发生形变的,最大形变量 $\delta\left(E, F_{\text{setpoint}}\right)$ 与样品的杨氏模量 E、最大接触力以及探针形状有关,因此压电陶瓷需要带动探针行进更长的距离才能达到最大接触力,所以 Δx 可以改写为

$$\Delta z = \frac{F_{\text{setpoint}}}{k_{\text{spring}}} + \delta\left(E, F_{\text{setpoint}}\right) \tag{4.3}$$

因此,实际的接触时间会稍长一些。

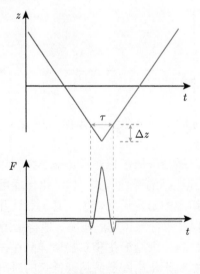

图 4.4 定量成像模式的接触时间计算示意图

对于峰值力轻敲模式,由于该模式采取了非线性的运动方式,对探针的运动速度无法直接调整,对该模式的接触时间控制就变得十分复杂。如图 4.5 所示,峰值力轻敲模式中可调整的相关参数有正弦运动的频率 f、正弦运动的振幅 A 以及峰值力 F_{setpoint}。我们仍然假定样品是刚性的,则 Δz 仍可按式 (4.1) 描述。压电

陶瓷的运动轨迹为

$$z\left(t\right) = -A\sin\left(2\pi ft\right) \tag{4.4}$$

周期伊始到接触样品所需时间 Δt 可由 $-A + \Delta z = -A\sin\left(2\pi f\Delta t\right)$ 解出,再由对称性可知

$$\tau = \frac{1}{2}T - 2\Delta t = \frac{1}{2f} - \frac{1}{\pi f}\arcsin\left(1 - \frac{\Delta z}{A}\right) \tag{4.5}$$

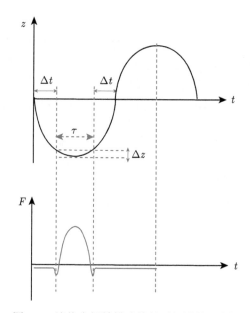

图 4.5　峰值力轻敲模式接触时间计算示意图

　　由此我们可以看出,适当降低工作频率、减小振幅以及增大峰值力都可以提升接触时间。如果考虑到样品的弹性,式 (4.3) 仍然适用。在细胞等较软的样品上进行分子识别实验,细胞的形变通常较大,甚至可达几十甚至上百纳米,这极大地增加了接触时间,提升了分子识别的概率。值得指出的是,关于式 (4.3),这里忽略了样品的黏弹性性质,细胞等生物软物质样品往往具有显著的黏弹性,这导致到达峰值力的时刻稍晚于压电陶瓷到达最低点的时刻,这里忽略了这一时间差异,认为压电陶瓷的最低点与峰值力同时到达。

4.2.3　力加载速率的调整与分析

　　由峰值力轻敲模式与定量成像模式获得的力曲线可以很容易地导出力与时间的关系曲线,只需要拟合出配体-受体解离力 F_U 时的斜率, $\left.\dfrac{\mathrm{d}F}{\mathrm{d}t}\right|_{F_U}$,即此时的力

加载速率 (loading rate)。然而由于工作模式的不同, 定量成像模式与峰值力轻敲模式在工作中仍然有着较大差别。

定量成像模式采用了与普通单分子力谱技术类似的压电陶瓷匀速运动驱动探针, 因此传统的计算方法仍然适用, 设压电陶瓷的位置为 z, 压电陶瓷恒定的运动速率为 v_{piezo}, 探针到样品直接的力-拉伸函数为 $\xi(F)$, 则配体-受体解离时的力加载速率可以写为

$$\left.\frac{\mathrm{d}F}{\mathrm{d}t}\right|_{F_U} = \left.\frac{\mathrm{d}z/\mathrm{d}t}{1/k_{\text{spring}} + \mathrm{d}\xi(F)/\mathrm{d}F}\right|_{F_U} \tag{4.6}$$

$$\left.\frac{\mathrm{d}F}{\mathrm{d}t}\right|_{F_U} = \left.\frac{v_{\text{piezo}}}{1/k_{\text{spring}} + \mathrm{d}\xi(F)/\mathrm{d}F}\right|_{F_U} \tag{4.7}$$

若假设样品为刚性, 则 $\xi(F)$ 退化为自由链或蠕虫链模型。由式 (4.7) 可以看到, 压电陶瓷的运动速率 v_{piezo} 仍然是控制力加载速率的主要因素, 只需改变 v_{piezo} 的数量级即可获得对力加载速率数量级的改变, 从而实现不同力加载速率下解离力的测量与 Bell-Evans 模型的分析。式 (4.7) 虽然给出了明确的力加载速率与压电陶瓷速率的计算关系, 但是实际应用中, 样品是非刚性的。例如, 在细胞表面进行实验, 柔软的细胞膜会在配体-受体解离之前发生形变, 这部分形变将贡献在 $\xi(F)$ 中, 导致无法用简单的高分子链模型来描述, 直接在力-时间曲线上获取解离力 F_U 的斜率 $\left.\dfrac{\mathrm{d}F}{\mathrm{d}t}\right|_{F_U}$ 仍是最简洁直观的方法。

峰值力轻敲模式中, 力加载速率的影响因素会比较复杂, 式 (4.6) 中 $\mathrm{d}z/\mathrm{d}t$ 不再恒定, 而是一个正弦运动, 这使得解离力出现的时间会极大地影响当时的解离速率。我们仍然先讨论样品为刚性的情况, 通过图 4.6 可知, 解离力 F_U 可能出现在压电陶瓷位置-时间曲线红色段的任何位置, 这取决于解离力 F_U 与 $\xi(F)$ 中的其他相关参数, 如蠕虫链模型中的轮廓长度。到达 F_U 的时间 $t_U(\Delta z, \xi(F_U))$ 可以由式 (4.8) 解出,

$$-A\sin(2\pi f t_U) = \Delta z + \xi(F_U) - A \tag{4.8}$$

则式 (4.6) 可写为

$$\left.\frac{\mathrm{d}F}{\mathrm{d}t}\right|_{F_U} = \left.\frac{\mathrm{d}z/\mathrm{d}t}{1/k_{\text{spring}} + \mathrm{d}\xi(F)/\mathrm{d}F}\right|_{F_U} = \left.\frac{-2\pi f A\cos(2\pi f t_U)}{1/k_{\text{spring}} + \mathrm{d}\xi(F)/\mathrm{d}F}\right|_{F_U} \tag{4.9}$$

可以看到, 此时 Δz 与 $\xi(F_U)$ 被引入 $\mathrm{d}z/\mathrm{d}t$ 影响了力加载速率。从图上可以更好地理解这一问题, 不同峰值力的设定会导致 Δz 的改变, F_U 的随机性同样会带来 $\xi(F_U)$ 的改变, 这两者共同作用最终导致 $\mathrm{d}z/\mathrm{d}t$ 出现数量级的变化, 使得

力加载速率变得难以控制。进一步，实际的样品特别是细胞有着很好的弹性，这在探针与细胞接触时按式 (4.3) 增加了 Δz，在探针拉伸配体–受体时细胞形变贡献了 $\xi(F_U)$。修饰高分子链本身的长度差异以及高分子链在探针的尖端生长位置进一步影响了 $\xi(F_U)$ 中蠕虫链部分的轮廓长度，细胞自身弹性的差异也增加了不同位置处 Δz 与 $\xi(F_U)$ 的差异性。这一系列的参数使得力加载速率无法进行预测，只能通过测量力–时间曲线解离力 F_U 的斜率 $\left.\dfrac{\mathrm{d}F}{\mathrm{d}t}\right|_{F_U}$ 来记录每条力曲线力加载速率的实际数值。当然我们可以看到 $\mathrm{d}z/\mathrm{d}t$ 的最大值受到 $2\pi f A$ 的限制，为了获取更大的力加载速率动态范围，可以适当增大工作频率和振幅。较大的力加载速率变化范围，可以扩大 Bell-Evans 模型拟合范围，提高拟合结果的精确性和全局性，从而得到更加准确的反应动力学信息，大量工作验证了这一方法的有效性[41,43,45,52,53]。

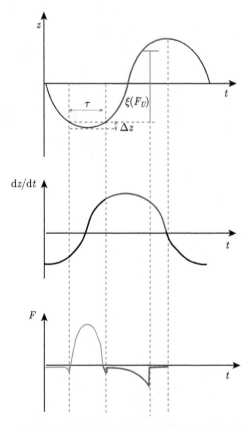

图 4.6 力加载速率对于峰值力轻敲模式的调整与分析

4.2.4 成像时间的计算

对于细胞表面的分子识别，成像时间也需要特别考虑，细胞能否在较长时间的测量中保持存活，细胞内外的化学环境是否发生了变化等。适当地加快成像速度，有利于获取活细胞在特定状态下的化学信息。

定量成像模式采用了像素时间的概念，即每个像素所花的时间乘以总的像素数即为成像所需的时间。而调整每个像素上探针的运动距离与运动速度即可实现像素时间的调整。对于峰值力轻敲模式，单纯地调整工作频率与振幅无法改变成像所需的时间，影响成像时间的是像素密度与每行扫描的速率，即扫描行数乘以每行所需时间为成像所需时间。显然，扫描速度最快也只能是每个像素点上进行一次力曲线测量，更快的扫描速度没有实际意义。例如，工作频率为 2kHz 时，每秒钟产生 2000条力曲线。设定像素密度为 500×500，峰值力轻敲模式每行都会扫描两次 (即从左到右一次，随后从右到左一次，并开始下一行扫描)，扫描一行实际上需要 1000条力曲线，这意味着每秒钟最多扫描两行，整幅图像扫描完成需要 250s。设法提高工作频率可以提升最快扫描速度的上限，如果设法将设备的工作频率提升到 8kHz，成像所需最短时间会下降到 62.5s。如果进一步降低成像像素密度是可接受的，将像素密度降低至 125×125，则成像所需最短时间可低至 4s。

这里讨论成像速度并不意味着一定是成像速度越快越有利，需要在成像速度和获取数据之间取得平衡。诚然，高速的成像可以达到秒级的分辨率，可以观察到生物样品快速的动态过程。然而，高速的运动会缩短接触时间，降低配体–受体结合的概率，导致受体未被识别。高速的运动也会改变力加载速率的范围，不一定与所需的力加载速率范围相适应。高速扫描也会对成像参数的调整有较高要求，需要很好地控制成像参数才能获得较好的图像与正确的力曲线。此外，除去工作模式与 AFM 设备本身的限制，我们前面讨论的探针性能也是影响探针运动速度的关键因素，只有选取合适的探针，才可能实现高速的力曲线测试。

4.3　基于单分子力谱的分子识别成像的应用进展

随着 AFM 技术的发展，高带宽扫描器与控制器不断出现，高带宽软探针也相继问世，高速的力曲线成像模式的实现推动了分子识别技术在研究中的量化应用。本节分别从分子级别高分辨成像与识别，膜表面分子识别与细胞表面分子识别方面介绍基于力曲线的分子识别技术近些年的研究进展。

4.3.1 分子级别高分辨成像与识别

峰值力轻敲模式与定量成像模式有着很好的高分辨成像功能，可以对蛋白质亚基结构、DNA 折纸、DNA 大沟小沟等生物大分子进行高分辨表征。基于力曲线上的刚度、杨氏模量或黏附力等力学信息，会获取具有更多细节的高分辨信息，如菌视紫红质蛋白三聚体中柔性链和刚性 α-螺旋的分布情况 [54]。如果结合探针修饰，可以在生物大分子上获取单分子力谱信息，实现生物大分子的亚分子级 [55] 分辨率的化学表征 (图 4.7)。

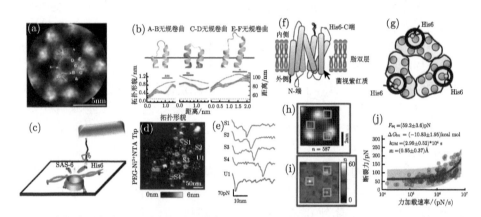

图 4.7　单个膜蛋白在亚分子级别的分辨率。(a), (b) 菌视紫红质的高分辨力学成像，通过力曲线刚度的分析可以获取蛋白质无规卷曲的亚分子尺度空间分布 [54]。(c)~(e) 修饰有 Ni^{2+} 的探针对 SAS-6 蛋白末端修饰的组氨酸标签 (His6) 进行识别 [52]。(f)~(j) 菌视紫红质 C 端修饰有组氨酸标签 (His6)，通过力曲线成像可以精确地获取蛋白质的 C 端在菌视紫红质的分布情况，并且通过力曲线分析获取 His6 与 Ni^{2+} 的结合动力学 [53]

　　连续六个组氨酸标签 (His6-Tag) 由于可以通过基因重组技术与蛋白质融合表达，所以很早就用于高分辨的化学识别。将次氮基三乙酸酯 (NTA) 末端的烷基硫醇吸附在镀金探针上，随后探针在 Ni^{2+} 溶液中浸泡使 NTA 螯合 Ni^{2+}。NTA 螯合的 Ni^{2+} 仍然保留了若干配合位点，可以与组氨酸标签上的咪唑环形成配位键，实现化学结合。早在 2014 年，Pfreundschuh 等 [52] 使用峰值力轻敲模式对纺锤体异常组装蛋白六聚体 (SAS-6) 进行力化学识别表征。每个 SAS-6 单体的末端带有六个连续组氨酸标签，可以通过 NTA-Ni^{2+} 离子体系进行识别。看到非特异性黏附力与特征的 Ni^{2+}-His6-Tag 的解离力的力曲线特征有着显著不同，Ni^{2+}-His6-Tag 的解离力的出现伴随着更长的轮廓长度，用于辨识 His6-Tag 的位置。2017 年，Pfreundschuh 等 [53] 使用峰值力轻敲模式对菌视紫红质蛋白三聚体中每个结构域的 C 端位置进行了识别。菌视紫红质蛋白在细胞膜中以三聚体形式存在，且 C 端暴露于细胞膜内侧，通过在蛋白 C 端融合组氨酸标签 (His5-Tag)，可以实现对蛋白三聚体的 C 端定位。将 587 幅单个菌视紫红质蛋白三聚体的形貌图以及组氨酸标签特异性识别信号图进行叠加，可以获得组氨酸标签在三聚体中最大概率分布的位置，这与预测位置相符合。进一步，由于大量有识别信号力曲线的获得，在蛋白质天然状态下的 C 端组氨酸标签与 Ni^{2+} 的解离动力学可以得到很好的分析，使用 Friddle-Noy-de Yorero 模型对解离能量面的刻画与非融合组氨酸-Ni^{2+} 相互作用有着很好的一致性[56] (图 4.7)。

Yoon 等[57] 使用定量成像技术研究了 Aβ 多肽聚集颗粒中 Aβ 多肽 N 端与 C 端的分布情况。通过在探针上修饰对应 N 端或 C 端的抗体，可以对 Aβ 聚集颗粒中对应的 N 端或 C 端进行测量。两次测量的结果经过分析与形貌图叠加在一起，可以获得 N 端与 C 端的分布情况。结合力曲线对聚集态刚度分布的信息，研究发现，在 N 端或 C 端出现的区域往往较软，而在无 N 端或 C 端分布的区域往往较硬，对理解多肽聚集体的聚集机理有着很好的帮助 (图 4.8)。

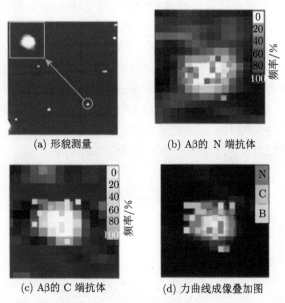

(a) 形貌测量   (b) Aβ的 N 端抗体

(c) Aβ的 C 端抗体   (d) 力曲线成像叠加图

图 4.8 通过双重识别映射揭示淀粉状 β 蛋白低聚物的二元结构。(a) Aβ 多肽聚集体形貌成像。(b) 使用 Aβ 的 N 端抗体进行分子识别成像。(c) 使用 Aβ 的 C 端抗体进行分子识别成像。(d) N 端、C 端识别成像与力曲线成像的叠加图[57]

4.3.2 生物膜上的分子识别与动力学

细胞膜与膜蛋白的 AFM 成像对研究膜蛋白在膜上的功能、流动等生化过程有很大帮助。膜蛋白通常被加入到细胞膜或者合成脂膜中，使用 AFM 成像可以对蛋白聚集状态进行成像或者表征环境对蛋白聚集状态的影响。通常膜蛋白在膜上分布的稀疏性与随机性，脂膜片层在衬底上分布的稀疏性与随机性，导致常规的单分子力谱方法在研究膜蛋白动力学时难以获得足够的力曲线。基于力曲线的成像模式在带来 AFM 成像的同时，可以给出膜蛋白相互作用动力学等化学信息。结合膜蛋白形貌与力曲线信息，也可以进一步协助确认力曲线的解离事件来自目标膜蛋白。

Alsteens 等 [43] 应用峰值力轻敲模式在单分子尺度研究了蛋白酶激活受体 1(PAR1) 与受体结合的动力学。PAR1 是 G 蛋白偶联受体膜蛋白家族的一个成员，在膜外侧的 N 端有一段 SFLLRN 的信号多肽，可以与 PAR1 本身的受体位点结合 (图 4.9)。在信号多肽的 N 端有着一个凝血酶标签作为保护，导致信号多肽在不激活时无法与 PAR1 结合。当有凝血酶存在时，凝血酶标签被切掉并在 N 末端暴露出信号多肽，信号多肽与 PAR1 结合后激活膜内的信号通路。将去掉信号多肽的 PAR1 加入到脂膜中，探针上修饰信号多肽，使用基于力曲线成像模式可以在获得细胞膜与膜蛋白成像的同时，在力曲线中分析是否有信号多肽与 PAR1 结合的现象，用以研究膜上 PAR1 的信号触发机制。利用这一方法，可以研究不同多肽与 PAR1 的结合情况。基于动力学分析得到 SFLLRN 的平衡解离常数 K_D 为 350nmol/L。而一旦将 SFLLRN 多肽序列中精氨酸替换为丙氨酸，此时 SFLLRN 的平衡解离常数将下降为 30μmol/L，亲和力显著下降，将苯丙氨酸替换为丙氨酸的 SALLRN 几乎不结合 PAR1，K_D 达到了 3500μmol/L。沃拉帕沙 (vorapaxar，一种 PAR1 的拮抗剂，用于心脏病与中风预防研究) 拮抗 PAR1 后显著降低了 SFLLRN 的亲和力，K_D 变为 40μmol/L。

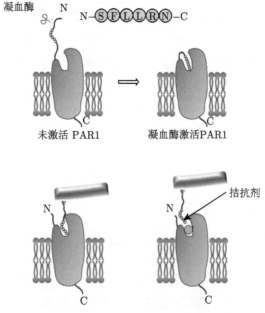

图 4.9　单分子尺度研究蛋白酶激活受体 1 与受体结合的动力学 [43]

通过配体–受体解离力的差异，一次分子识别实验可以进行两种化学信号的识别。Pfreundschuh 等[44] 在探针上同时修饰了前面提到的 SFLLRN 信号多肽和 Tris(NTA-Ni^{2+}) 两种分子，分别用于识别 PAR1 位于膜外侧的信号多肽结合位点与 PAR1 在膜内测 C 端的组氨酸标签 (His10)。信号多肽与 PAR1 的结合力为 35~80pN，而 Tris(NTA-Ni^{2+}) 与 His10 的结合力为 65~250pN(图 4.10)。解离力小于 65pN 的力曲线可以归因于信号多肽的解离，对应的 PAR1 暴露了位于膜外侧的信号多肽结合位点。对于解离力大于 80pN 的力曲线，则对应组氨酸与 NTA-Ni^{2+} 的解离，对应的 PAR1 暴露了位于膜内侧的 C 端。基于力学信息的差异性，PAR1 在膜上的取向通过化学信号得到了识别。

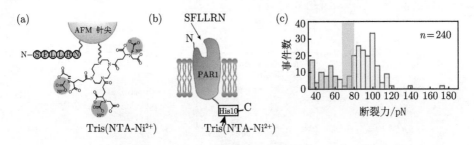

图 4.10 利用 AFM 进行生物膜上分子识别

无毒性 lysenin 蛋白与鞘磷脂 (SM) 有着很高的亲和性，而 θ 毒素 D4 结构域 (θ-D4) 与胆固醇 (Chol) 有着很好的亲和性且不会引起膜的裂解。通过将无毒性 lysenin 蛋白或 θ-D4 蛋白修饰在探针上，可以识别脂双层中的鞘磷脂或胆固醇的分布。Dumitru 等[58] 通过分子识别的方法观察到了鞘磷脂在脂双层中的片状分布与胆固醇在脂双层中的点状分布。

4.3.3 细胞表面分子识别与动力学

基于力曲线的分子识别成像技术在对细胞表面受体识别的过程中，需要探针上的配体分子与细胞膜表面的受体分子结合才能完成识别。在获得配体–受体解离动力学的同时，配体–受体的结合会激活细胞内对应的通路产生相关生理反应。修饰了配体分子的探针则成为信号分子的物理开关，可以在特定时间、特定细胞上激活对应通路，这与传统的向细胞培养体系中加入对应信号分子的方法有着显著不同。Knoops 等[41] 研究了 PRDX-5 信号蛋白激活细胞膜表面 TLR4 受体蛋白诱发炎症反应的动力学过程，为使用分子识别技术研究信号通路提供了很好的范例。Knoops 等首先证实了在 THP-1 细胞上 TLR4 受体在 PRDX5 激活后确实可以引发炎症反应。随后将 PRDX5 蛋白修饰在探针上，在衬底上修饰了 TLR4 受体进行力单分子力谱实验，并通过 Bell-Evans 模型获取了解离动力学信息。随后，使用 PRDX5 修饰的探针在 THP-1 细胞表面进行分子识别成像实验，获取了与体外单分子力谱实验一致的动力学信息。作者通过转染 YFP-TLR4 将这一通路拓展到 CHO 细胞中，黄色荧光蛋白 (YFP) 可以帮助识别转入成功的 CHO 细胞。作者进一步验证了 CHO 细胞表面带有 YFP 的 TLR4 受体仍能成功结合 PRDX5 蛋白。在持续地对 YFP-TLR4-CHO 细胞进行分子识别成像的过程中，配体与受体的结合成功激活了炎症反应通路，在实验四十分钟后发生了显著的形貌改变。与此同时，记录的力曲线可以表征 CHO 细胞的刚度，实验前四十分钟细胞刚度一直保持在 2mN/m 以上，而实验进行了四十分钟后细胞的刚度下降并保持在 1mN/m 附近。表观形貌与细胞力学特性的跃迁式转变都进一步证实了炎症反应导致的显著生理变化 (图 4.11)。

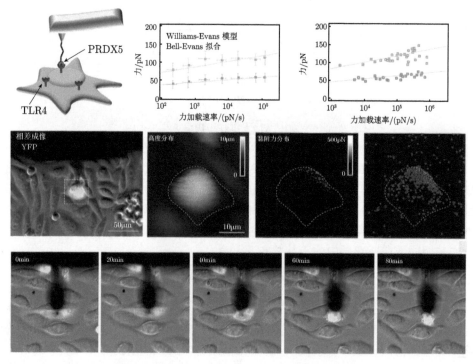

图 4.11　在活细胞上测量 PRDX5 和 TLR4 之间的与先天免疫机制相关的特定相互作用 [41]

　　Alsteens 等 [50] 使用分子识别技术研究了 f1 丝状噬菌体在大肠杆菌中的分布情况 (图 4.12)。在 f1 噬菌体的末端融合表达了组氨酸标签 (His6-Tag)，探针上修饰了 NTA-Ni^{2+}，利用 Ni^{2+} 与组氨酸上咪唑环的配位相互作用可以对大肠杆菌表面正在分泌的 f1 噬菌体分布进行表征。结果表明噬菌体通常聚集在大肠杆菌的两极或分裂过程中的隔膜处，且在这些区域噬菌体也并非均匀分布的。噬菌

体往往呈面积约 $200nm^2$ 的岛状分布。结合杨氏模量的分析，噬菌体聚集岛的模量显著偏软，周围被更硬的细胞壁环绕，暗示噬菌体在组装或分泌过程中会干扰肽聚糖的组装并影响局域的力学特性。

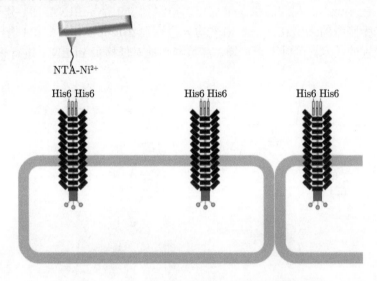

NTA-Ni²⁺

His6 His6   His6 His6   His6 His6

图 4.12 f1 丝状噬菌体在大肠杆菌中的分布情况 [50]

Alsteens 等 [45,59] 研究了狂犬病毒与细胞表面受体情况 (图 4.13)。通过转染使 MDCK 细胞带有 mCherry-TVA 受体，mCherry 荧光蛋白可通过共聚焦显微镜帮助识别成功转染的细胞。探针上修饰了带有 EnvA 糖蛋白的狂犬病毒，EnvA 可以特异性地与 TVA 受体结合。在成功转染的细胞上进行分子识别实验，可以很好地获得 TVA 受体的分布情况。力曲线的分析表明，狂犬病毒与 TVA 的结合分三步进行，病毒外壳上的三个 EnvA 糖蛋白依次与细胞膜上的 TVA 受体结合才能激活进一步的感染过程。基于类似的方法，Koehler 等 [60] 研究了呼吸道肠道病毒表面 σ1 蛋白与细胞表面 α-SA 和 JAM-A 分子的结合过程，发现 σ1 首先与 α-SA 的结合可以增强 σ1 与 JAM-A 的亲和力，辅助病毒入侵细胞。Delguste 等 [55,61] 基于类似的方法研究了疱疹病毒的结合过程。

使用分子识别成像技术，不仅可以对细胞表面进行分子识别，经过合理的实验设计，Koo 等 [55] 对固定海马神经元 DIV7 内部进行了特定 miRNA 的识别 (图 4.14)。将 DNA/RNA 杂合体结合蛋白 (HBD) 修饰在探针上，使用 DNA 探针与细胞中的 miRNA-134 杂交形成特定的 DNA/miRNA 杂合体，HBD 可以特异性地结合在杂合体上并在探针拉伸时有显著的解离力。将海马神经元固定后，使用表面活性剂剥离细胞膜后使用 DNA 探针与 miRNA-134 杂交形成杂合体。随后使用分子识别技术即可以对细胞内 miRNA-134 的分布与数目进行表征。在进行分子识别成像之后用 RNA 酶进行处理，随后在同一区域进行分子识别表征，HBD 与 DNA/miRNA 杂合体结合信号的消失证实了这一识别的特异性。KCl 对海马神经元的刺激会影响 miRNA 的表达。在 KCl 刺激海马神经元后进行分子识别实验，在 $1\mu m^2$ 的观测面积里平均可以检测到 9.9 个 miRNA-134 分子。与之相比，未受刺激的细胞在 $1\mu m^2$ 中平均只检测到 2.7 个 miRNA-134 分子。基于单分子级别的技术，可以无须扩增、高特异性地对低拷贝 miRNA 进行识别研究。

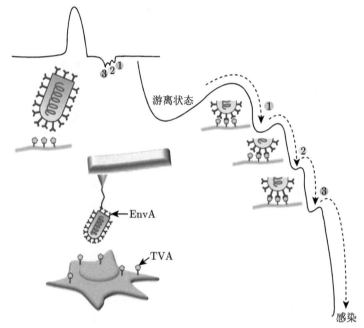

图 4.13　狂犬病毒与细胞表面受体相互作用 [45,59]

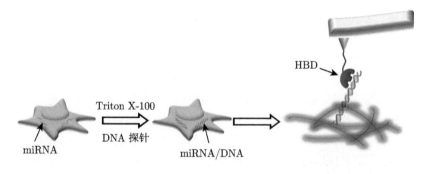

图 4.14　对固定海马神经元 DIV7 内部进行特定 miRNA 的识别 [55]

参 考 文 献

[1] Coons A H, Creech H J, Jones R N. Immunological properties of an antibody containing a fluorescent group. P Soc Exp Biol Med, 1941, 47(2): 200-202.

[2] Chalfie M. GFP: lighting up life. Proc Natl Acad Sci U S A, 2009, 106(25): 10073-10080.

[3] Tsien R Y. The green fluorescent protein. Annu Rev Biochem, 1998, 67: 509-544.

[4] Lukinavicius G, Umezawa K, Olivier N, et al. A near-infrared fluorophore for live-cell super-resolution microscopy of cellular proteins. Nat Chem, 2013, 5(2): 132-139.

[5] Shieh P, Dien V T, Beahm B J, et al. CalFluors: a universal motif for fluorogenic azide probes across the visible spectrum. J Am Chem Soc, 2015, 137(22): 7145-7151.

[6] Baskin J M, Prescher J A, Laughlin S T, et al. Copper-free click chemistry for dynamic in vivo imaging. Proc Natl Acad Sci U S A, 2007, 104(43): 16793-16797.

[7] Jewett J C, Sletten E M, Bertozzi C R. Rapid Cu-free click chemistry with readily synthesized biarylazacyclooctynones. J Am Chem Soc, 2010: 132(11): 3688-3690.

[8] Uttamapinant C, Tangpeerachaikul A, Grecian S, et al. Fast, cell-compatible click chemistry with copper-chelating azides for biomolecular labeling. Angew Chem Int Ed Engl, 2012, 51(24): 5852-5856.

[9] Ballestrem C, Wehrle-Haller B, Imhof B A. Actin dynamics in living mammalian cells. Journal of Cell Science, 1998, 111: 1649-1658.

[10] Digman M A, Brown C M, Horwitz A R, et al. Paxillin dynamics measured during adhesion assembly and disassembly by correlation spectroscopy. Biophys J, 2008, 94(7): 2819-2831.

[11] Williams D A, Cody S H. Laser-scanning confocal imaging of calcium in spontaneously contracting cardiac cells: nuclear-cytosolic Ca^{2+} differences. Micron, 1993, 24(6): 567-572.

[12] Betzig E, Patterson G H, Sougrat R, et al. Imaging intracellular fluorescent proteins at nanometer resolution. Science, 2006, 313(5793): 1642-1645.

[13] Rust M J, Bates M, Zhuang X. Sub-diffraction-limit imaging by stochastic optical reconstruction microscopy (STORM). Nat Methods, 2006, 3(10): 793-795.

[14] Klar T A, Jakobs S, Dyba M, et al. Fluorescence microscopy with diffraction resolution barrier broken by stimulated emission. Proc Natl Acad Sci U S A, 2000, 97(15): 8206-8210.

[15] Roy R, Hohng S, Ha T. A practical guide to single-molecule FRET. Nat Methods, 2008, 5(6): 507-516.

[16] Schuler B, Eaton W A. Protein folding studied by single-molecule FRET. Curr Opin Struct Biol, 2008, 18(1): 16-26.

[17] Michalet X, Weiss S, Jager M. Single-molecule fluorescence studies of protein folding and conformational dynamics. Chem Rev, 2006, 106(5): 1785-1813.

[18] Zhuang X, Bartley L E, Babcock H P, et al. A single molecule study of RNA catalysis and folding. Science, 2000, 288(5473): 2048-2051.

[19] Dagdas Y S, Chen J S, Sternberg S H, et al. A conformational checkpoint between DNA binding and cleavage by CRISPR-Cas9. Science Advances, 2017, 3(8): eaao0027.

[20] Diao J, Ishitsuka Y, Lee H, et al. A single vesicle-vesicle fusion assay for in vitro studies of SNAREs and accessory proteins. Nat Protoc, 2012, 7(5): 921-934.

[21] Singh D, Sternberg S H, Fei J, et al. Real-time observation of DNA recognition and rejection by the RNA-guided endonuclease Cas9. Nat Commun, 2016, 7: 12778.

[22] Jain A, Liu R, Xiang Y K, et al. Single-molecule pull-down for studying protein interactions. Nat Protoc, 2012, 7(3): 445-452.

[23] Trache A, Lim S M. Live cell response to mechanical stimulation studied by integrated optical and atomic force microscopy. J Vis Exp, 2010, (44): e2072.

[24] Wang X, Ha T. Defining single molecular forces required to activate integrin and notch signaling. Science, 2013, 340(6135): 991-994.

[25] Wang X, Sun J, Xu Q, et al. Integrin molecular tension within motile focal adhesions. Biophys J, 2015, 109(11): 2259-2267.

[26] Zhang Y, Ge C, Zhu C, et al. DNA-based digital tension probes reveal integrin forces during early cell adhesion. Nat Commun, 2014, 5: 5167.

[27] Penedo M, Fernandez-Martinez I, Costa-Kramer J L, et al. Magnetostriction-driven cantilevers for dynamic atomic force microscopy. Applied Physics Letters, 2009, 95(14): 143505.

[28] Stroh C, Wang H, Bash R, et al. Single-molecule recognition imaging microscopy. Proc Natl Acad Sci U S A, 2004, 101(34): 12503-12507.

[29] Raab A, Han W, Badt D, et al. Antibody recognition imaging by force microscopy. Nat Biotechnol, 1999, 17(9): 901-905.

[30] Wang B, Guo C, Chen G, et al. Following aptamer-ricin specific binding by single molecule recognition and force spectroscopy measurements. Chem Commun (Camb), 2012, 48(11): 1644-1646.

[31] Wang B, Guo C, Zhang M, et al. High-resolution single-molecule recognition imaging of the molecular details of ricin-aptamer interaction. J Phys Chem B, 2012, 116(17): 5316-5322.

[32] Manna S, Senapati S, Lindsay S, et al. A three-arm scaffold carrying affinity molecules for multiplex recognition imaging by atomic force microscopy: the synthesis, attachment to silicon tips, and detection of proteins. J Am Chem Soc, 2015, 137(23): 7415-7423.

[33] Wang B, Park B, Xu B, et al. Label-free biosensing of Salmonella enterica serovars at single-cell level. J Nanobiotechnology, 2017, 15(1): 40.

[34] Zhao W, Liu S, Cai M, et al. Detection of carbohydrates on the surface of cancer and normal cells by topography and recognition imaging. Chem Commun (Camb), 2013, 49(29): 2980-2982.

[35] Creasey R, Sharma S, Craig J E, et al. Detecting protein aggregates on untreated human tissue samples by atomic force microscopy recognition imaging. Biophys J, 2010, 99(5): 1660-1667.

[36] Senapati S, Manna S, Lindsay S, et al. Application of catalyst-free click reactions in attaching affinity molecules to tips of atomic force microscopy for detection of protein biomarkers. Langmuir, 2013, 29(47): 14622-14630.

[37] Ebner A, Kienberger F, Kada G, et al. Localization of single avidin-biotin interactions using simultaneous topography and molecular recognition imaging. Chemphyschem, 2005, 6(5): 897-900.

[38] Stroh C M, Ebner A, Geretschlager M, et al. Simultaneous topography and recognition imaging using force microscopy. Biophys J, 2004, 87(3): 1981-1990.

[39] Alegre-Cebollada J, Kosuri P, Giganti D, et al. S-glutathionylation of cryptic cysteines enhances titin elasticity by blocking protein folding. Cell, 2014, 156(6): 1235-1246.

[40] Kosuri P, Alegre-Cebollada J, Feng J, et al. Protein folding drives disulfide formation. Cell, 2012, 151(4): 794-806.

[41] Knoops B, Becker S, Poncin M A, et al. Specific interactions measured by afm on living cells between peroxiredoxin-5 and TLR4: relevance for mechanisms of innate immunity. Cell Chem Biol, 2018, 25(5): 550-559 e3.

[42] Laskowski P R, Pfreundschuh M, Stauffer M, et al. High resolution imaging and multiparametric characterization of native membranes by combining confocal microscopy and an atomic force microscopy-based toolbox. ACS Nano, 2017, 11(8): 8292-8301.

[43] Alsteens D, Pfreundschuh M, Zhang C, et al. Imaging G protein-coupled receptors while quantifying their ligand-binding free-energy landscape. Nat Methods, 2015, 12(9): 845-851.

[44] Pfreundschuh M, Alsteens D, Wieneke R, et al. Identifying and quantifying two ligand-binding sites while imaging native human membrane receptors by AFM. Nat Commun, 2015, 6: 8857.

[45] Alsteens D, Newton R, Schubert R, et al. Nanomechanical mapping of first binding steps of a virus to animal cells. Nat Nanotechnol, 2017, 12(2): 177-183.

[46] Ott W, Jobst M A, Bauer M S, et al. Elastin-like polypeptide linkers for single-molecule force spectroscopy. ACS Nano, 2017, 11(6): 6346-6354.

[47] Li B, Wang X, Li Y, et al. Single-molecule force spectroscopy reveals self-assembly enhanced surface binding of hydrophobins. Chemistry, 2018, 24(37): 9224-9228.

[48] Ramirez P, Manzanares J A, Cervera J, et al. Surface charge regulation of functionalized conical nanopore conductance by divalent cations and anions. Electrochimica Acta, 2019, 325: 134914.

[49] Huang W, Qin M, Li Y, et al. Dimerization of cell-adhesion molecules can increase their binding strength. Langmuir, 2017, 33(6): 1398-1404.

[50] Alsteens D, Trabelsi H, Soumillion P, et al. Multiparametric atomic force microscopy imaging of single bacteriophages extruding from living bacteria. Nat Commun, 2013, 4: 2926.

[51] Alsteens D, Dupres V, Yunus S, et al. High-resolution imaging of chemical and biological sites on living cells using peak force tapping atomic force microscopy. Langmuir, 2012,

28(49): 16738-16744.

[52] Pfreundschuh M, Alsteens D, Hilbert M, et al. Localizing chemical groups while imaging single native proteins by high-resolution atomic force microscopy. Nano Lett, 2014, 14(5): 2957-2964.

[53] Pfreundschuh M, Harder D, Ucurum Z, et al. Detecting ligand-binding events and free energy landscape while imaging membrane receptors at subnanometer resolution. Nano Lett, 2017, 17(5): 3261-3269.

[54] Rico F, Su C, Scheuring S. Mechanical mapping of single membrane proteins at sub-molecular resolution. Nano Lett, 2011, 11(9): 3983-3986.

[55] Koo H, Park I, Lee Y, et al. Visualization and quantification of microrna in a single cell using atomic force microscopy. J Am Chem Soc, 2016, 138(36): 11664-11671.

[56] Friddle R W, Noy A, De Yoreo J J. Interpreting the widespread nonlinear force spectra of intermolecular bonds. Proc Natl Acad Sci U S A, 2012, 109(34): 13573-13578.

[57] Yoon J, Kim Y, Park J W. Binary structure of amyloid beta oligomers revealed by dual recognition mapping. Anal Chem, 2019, 91(13): 8422-8428.

[58] Dumitru A C, Conrard L, Lo Giudice C, et al. High-resolution mapping and recognition of lipid domains using AFM with toxin-derivatized probes. Chem Commun (Camb), 2018, 54(50): 6903-6906.

[59] Newton R, Delguste M, Koehler M, et al. Combining confocal and atomic force microscopy to quantify single-virus binding to mammalian cell surfaces. Nat Protoc, 2017, 12(11): 2275-2292.

[60] Koehler M, Aravamudhan P, Guzman-Cardozo C, et al. Glycan-mediated enhancement of reovirus receptor binding. Nat Commun, 2019, 10(1): 4460.

[61] Delguste M, Zeippen C, Machiels B, et al. Multivalent binding of herpesvirus to living cells is tightly regulated during infection. Science Advances, 2018, 4(8): eaat1273.

第 5 章　衬底与探针的化学修饰

王　鑫

单分子力谱实验需要很好地控制实验条件才能实现在力曲线采集过程中获取单分子事件，而在力曲线中获取特定的伸展长度与解离力也需要合理的实验设计。已经有大量单分子力谱的工作并未使用化学修饰的方法，仅仅使用普适的分子间相互作用力对蛋白质解折叠动力学 [1,2]、高分子力学响应 [3]、配体–受体相互作用 [4] 等进行单分子力学研究。然而，通过化学修饰与精心设计的实验体系，可以提升获取单分子事件的概率 [5,6]，从而提高工作效率与数据置信度，也可以精确控制施力方向 [6,7]，研究特定方向上生物大分子的力学特性，此外基于共价键的化学偶联可以极大地提高探针对研究体系所施加的最大力，甚至可以达到纳牛的量级来实现化学键的断裂 [8] 或非共价强相互作用 [9,10] 的研究。因此，基于化学修饰的单分子力谱技术逐渐成为研究者的强有力工具，被广泛应用于蛋白质解折叠动力学 [11]、配体–受体相互作用 [12,13]、疏水相互作用 [14,15]、力响应聚合物 [16]、力化学 [17] 等方面的研究。本章将从修饰方法、表面功能化、化学偶联以及蛋白质偶联等方面介绍常用的探针与衬底的修饰方法。

5.1　化学修饰的设计原则

随着技术的发展与生物力学研究的深入，对单分子力谱技术的需求日益增长，对单分子力谱技术的可控性也提出了更高的要求。要求探针可以在特定取向上拉伸生物大分子以获取更全面的物理信息或模拟天然状态下生物大分子的受力情况。要求实验中的连接节点有足够的力学强度来保持生物大分子与探针或衬底的连接或产生足够大的拉力以破坏共价键。要求探针或衬底上的有效分子浓度合适，以尽可能多地获取单分子事件。要求在不干扰研究体系解离力的前提下，实验中设置尽可能准确的指纹谱以帮助辨别单分子事件。这些要求都需要在实验设计与修饰过程中谨慎而细致的考量，才能获取高置信度的单分子力学信息。

在探针或者衬底表面修饰化学分子或者生物大分子实质上是固相合成的一个过程，即当两个分子 A、B 偶联形成 A-B 时，分子 A 固定在固体表面上并浸泡于另一个分子 B 的溶液中发生偶联反应。固相合成方法最早用于多肽的可控化学合成，相较传统化学反应有着诸多优势。需要偶联的两个分子可能分别易溶于两种不互溶溶剂从而抑制反应的发生，固相合成技术可以打破这一限制，固定在固定相上的分子 A 即使在分子 B 溶液中有着极差的溶解性，也可以接触到足量的分子 B 以发生偶联反应。固相合成技术也大大简化了偶联分子的纯化步骤，反应时所需的反应物、催化剂、加速剂以及杂质等均溶解在液相环境中，而偶联产物仍然固定在固体相上，只需要用对应的溶剂冲洗反应体系，即可分离未参与反应的反应物、催化剂、加速剂等。探针与衬底的修饰继承了这一系列的优势，然而也因为单分子实验独特的要求而需要更多的考虑。尽管每一步化学偶联都尽力做到反应充分，但是探针或衬底上总会有未反应的分子存在，固相合成技术最终会切下偶联分子进一步纯化获得纯品，而探针或衬底的修饰显然无法进行这一操作。探针与衬底的修饰可以控制偶联上的分子种类以及密度，实现多种分子偶联在表面或低浓度的分子修饰在表面。对于探针表面修饰来说，由于探针尖端尺寸及曲率等因素，可供连接目标分子的位点数目只有几百甚至几个的水平，考虑到化学反应过程中分子运动的随机性，即使在完全相同的反应条件与操作方法下也难以准确地控制探针表面的分子数目。这些特点也对化学反应的选取、实验设计、具体操作等方面提出了更高要求。

5.1.1　单分子修饰实验需要考虑的基本问题

在进行单分子实验设计时需要考虑下面几个问题：

(1) 目标分子所携带活性官能团的种类，这将影响我们使用哪种偶联分子将目标分子一步一步修饰在表面上。

(2) 探针与衬底材质的选择，这决定了使用怎样的表面功能化方法。探针通常为硅、氮化硅或镀金材质。衬底的选择更为广泛，通常有云母、高定向热解石墨 (HOPG)、硅、二氧化硅、玻璃、金等材质。含硅的表面可以通过硅烷化反应等方法实现表面功能化，而金表面可以通过巯基-金反应实现表面功能化。金与 HOPG 较强的疏水性可能在水溶液中与探针产生较大的非特异性黏附，可能会影响到单分子力谱事件的观察，需要考虑对探针和衬底表面进行抗吸附处理。

(3) 实验中需要怎样的连接分子。例如，在涉及蛋白质的研究实验中，需要考虑是否使用特异性的蛋白质标签实现高度特异性的化学修饰。在单分子力谱实验中，较长且稳定的高分子有助于作为指纹谱辨别单分子事件，如 PEG 或类弹性蛋白 (ELP)[18]，而在基于力曲线的分子识别实验中，需要相对较短的连接分子，有助于提高分子识别信号的空间分辨率。在水溶液体系中，PEG 更容易伸展开来增加目标分子与探针接触的概率。在油性溶剂体系中，疏水的高分子材料会更利于单分子力谱的采集。

(4) 单分子力谱研究体系所能承受最大力的需求，这决定了每一步的修饰应该选用怎样的化学方法。不同化学键的强度是不同的，选取合适的化学偶联方法才能给研究体系提供足够的力学强度，保证感兴趣的位置被优先打开而其他位置保持稳定连接。如研究蛋白质解折叠过程，蛋白质解折叠力通常在 200 pN 以下，常规的共价化学偶联甚至使用配位键偶联所提供的力学强度都可以用于蛋白质解折叠的研究。力化学的研究往往需要用机械力打开共价键，因此需要体系拥有很高的力学强度，力学强度较低的化学键则不适合此类研究的化学偶联方案。

(5) 单分子力谱实验中目标分子浓度的需求。如研究受体蛋白–配体蛋白相互作用的单分子力谱实验，需要在探针上尽可能少地修饰配体蛋白。而对于某些情况下，需要在探针上修饰活性官能团 (比如活化的羧基)，探针上的活化羧基与衬底上高分子末端的氨基接触时会发生化学反应形成共价的酰胺键以实现 "钓取" 衬底上的高分子过程 [16]，探针拉伸打开共价键的过程多数情况下是不可逆的，这样每获得一个有效的单分子事件，探针上就少一个活性官能团，导致获取有效单分子事件十分有限。此时需要在探针上尽可能多地修饰有效官能团。

5.1.2 化学反应选择的基本原则

1. 反应迅速、充分且无副反应发生

反应迅速的化学反应有助于控制修饰时间，过长的修饰时间会增加杂质引入的可能性，如溶剂中微量杂质在表面上的吸附累积。过长的化学反应时间显然也会增长整个修饰过程的总耗时，在实验体系建立之初不利于最优条件的探索。

充分的反应有利于准确地控制每一步反应的发生。不充分的反应会导致在表面功能化之后，进一步偶联反应完成时，仍有部分未反应的官能团暴露在表面，影响我们对表面成功偶联分子浓度的估计，甚至在后续反应过程中，这些未反应的基因会参与到后续的偶联反应中，增加探针修饰过程中的不可控因素，导致偶联反应不可控。

副反应的发生同样是表面修饰实验过程中不希望遇到的情况。如反应物的水解、催化剂性能的下降、反应物自身的偶联等都进一步导致了不可控的因素。反应过程中 pH、氧气浓度以及温度的改变可能会导致蛋白质的沉底或金属离子以碱或氧化物的形式析出，形成纳米级颗粒吸附在表面上，这样的颗粒几乎无法去除，进而影响后续单分子实验。

2. 化学反应的正交性

在设计偶联实验时应考虑每一步反应的正交性。每一步反应都应该尽可能避免需要修饰的分子本身会互相偶联的现象。如希望在一个氨基功能化的表面上修饰一个甘氨酸，甘氨酸上的羧基活化后既可以与表面上的氨基偶联，也可以与另外一个甘氨酸偶联，因此无法预知究竟有多少个甘氨酸偶联在每个表面的氨基上。使用氨基保护基团会解决这一问题，如使用 Boc 保护的甘氨酸，甘氨酸活化的羧

基只能与表面上的氨基反应，最终只会有一个甘氨酸偶联在表面的氨基上，完成偶联后除去 Boc 保护基团即可 (图 5.1)。蛋白质也可以通过类似的方法进行偶联，酶切后暴露出活性位点进行偶联，构建数目固定的多聚蛋白，实现特定目的的单分子力谱研究 [5,19]。

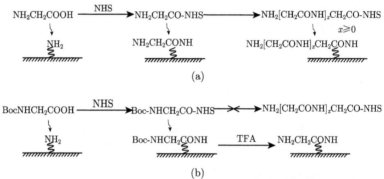

图 5.1   分子本身的自交联导致修饰的不可控。(a) 将甘氨酸直接偶联到氨基功能化的表面上。琥珀酰亚胺 (NHS) 活化的羧基不仅可以与表面上的氨基偶联，同样可以与甘氨酸的氨基反应形成寡聚体，并且寡聚体同样含有琥珀酰亚胺 (NHS) 活化的羧基可以与表面氨基反应，导致了表面修饰的不可控。(b) 使用 Boc 作为甘氨酸氨基的保护基团，NHS 活化的羧基只能与表面的氨基偶联，不再与 Boc 保护的甘氨酸反应形成寡聚体，从而实现单个甘氨酸修饰在表面上。偶联后只需使用三氟乙酸 (TFA) 即可除去 Boc 保护基团暴露出氨基

尽量减少每一步反应中涉及的官能团可以相互偶联的可能性。在选择化学修饰体系的过程中用到的化学反应可能会反应不充分，导致暴露在表面上的分子没有反应完全，并在下一步化学反应中参与偶联。我们来看下面这样一个例子。为了测量蛋白质之间的相互作用力，我们需要在蛋白质与衬底之间引入一个长链 PEG 作为指纹谱。硅衬底上修饰了环氧乙烷基团用于后续修饰，选取一端为氨基，另一端为马来酰亚胺的长链 PEG 通过氨基与环氧乙烷的反应实现化学偶联。若反应不完全，衬底上不仅暴露马来酰亚胺基团同时也暴露环氧乙烷基团。在后续反应中加入含巯基的蛋白质时，巯基与马来酰亚胺或环氧乙烷在相同的反应环境下均有反应活性。最终导致有的蛋白质通过长链 PEG 连接在衬底上，有的蛋白质没有通过 PEG 链交联，而是通过与基板上残留的马来酰亚胺或环氧乙烷反应，直接连在基板上，最终造成实验观测结果与预期不符，影响实验进程，进而影响实验结果 (图 5.2)。

3. 修饰分子的耐受性

已经偶联在表面的分子应不受后续修饰操作的影响，否则可能会破坏已修饰的分子。如将酯键引入到探针或衬底表面，后续修饰的强酸、碱环境可能会水解

酯键从而导致偶联分子的崩解。如偶联分子中引入了二硫键，则后续的还原剂可能会导致二硫键的断裂。对于马来酰亚胺与巯基的偶联，后续的巯基会通过巯基交换作用导致偶联体系崩解。对于蛋白质相关的单分子力谱实验，在表面修饰上蛋白质之后，后续的强酸、碱环境或者有机溶剂的使用会导致蛋白质变性失活。这些后续步骤的设计需要更仔细的考量。

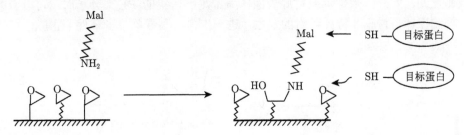

图 5.2 修饰过程中反应不充分导致的修饰不可控。含马来酰亚胺与氨基的长链分子与环氧乙烷基团功能化的表面偶联。由于反应不充分，马来酰亚胺功能化后，表面上不仅暴露马来酰亚胺官能团，同样还有环氧乙烷官能团，当使用带有巯基的蛋白质进行固定时，巯基会与两种官能团在相同条件下发生反应，目的蛋白有的通过长链分子连接在表面上，有的则直接连接在表面上，导致蛋白的修饰不可控。这里的例子只是为了说明实验设计中不合理的实验设计与未充分反应导致实验不可控，合理地对未反应的环氧乙烷进行封闭即可解决这一问题。事实上，在氨基与环氧乙烷基反应的条件下，马来酰亚胺还可与氨基发生反应产生自交联现象，进一步导致反应不可控

4. 如何避免不完全反应以及副反应的发生

已经有一些经受了大量研究检验的反应可以认为反应是充分的，如巯基-马来酰亚胺反应、氨基-活化羧基反应、点击化学反应等都可以快速充分的反应。此外，许多酶催化的蛋白质-多肽反应也有着很高的活性，可以用于蛋白质单分子力谱的研究。使用硅烷化试剂时，需要通过控制反应体系的含水量与反应时间的平衡来抑制硅烷化试剂自发聚合形成高聚物的反应，防止体系中引入大量高分子。使用NHS 活化羧基与氨基反应时，需要通过控制体系含水量与反应时间的平衡来抑制活化羧基的水解，使反应更充分。

5.1.3 化学修饰的常用方法

1. 聚乙二醇长链作为优良的指纹谱

聚乙二醇 (PEG) 长链有着优良的力学性质，被广泛用于相互作用力、蛋白质折叠解折叠等一系列的研究中。PEG 长链有着良好的亲水性，可以在水中很好地伸展开。PEG 长链的力学性质经过了充分的验证，可以很好地根据分子量预测轮

廓长度与力曲线拟合结果进行比较，是用于单分子事件识别很好的指纹谱。当探针与衬底间距离较小时，探针与衬底间有很强的非特异黏附作用，如果此时发生单分子事件，单分子力学信号将完全被非特异黏附作用掩盖，影响实验观测。在探针克服与衬底的黏附力之后，伸长的 PEG 链仍可以保持蛋白质的折叠或者配体–受体的结合，在探针与衬底分离足够远时，单分子的解离事件可以不受影响地被测量到。此外，当探针或衬底表面覆盖了足够密集的 PEG 分子时，可以有效地抑制探针与衬底非特异黏附的发生，进一步帮助测量单分子事件 (图 5.3)。

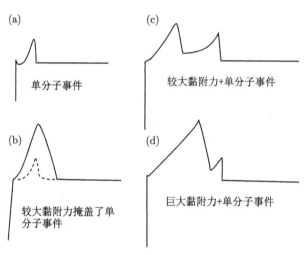

图 5.3 (a) 探针与衬底的黏附力很小或没有黏附力，是获取的单分子事件。(b) 当探针与衬底有着很大的黏附力时，可能会 "掩盖" 发生的单分子事件。(c) 使用 PEG 作为长链，可以在探针挣脱衬底的黏附之后，再拉伸 PEG 长链获取单分子事件。甚至使用 PEG 覆盖在探针与衬底表面，可以几乎不产生黏附力从而获得类似 (a) 图的单分子事件。(d) 当体系拥有巨大的黏附力时，仍然可以看到部分单分子事件。此时，有效用于拟合高分子拉伸模型的数据较少，可能会导致较大的拟合误差，需要考虑采用降低黏附力的方法

2. 混合 PEG 方法控制探针或衬底表面分子修饰浓度

为了尽可能多地获取单分子事件，需要控制探针与衬底上最终感兴趣分子的密度。通过控制表面上 PEG 分子的极低密度可以实现最终分子密度控制。如前所述，低密度的 PEG 分子无法屏蔽探针与衬底的非特异黏附，较大的黏附力可能会影响单分子事件的观察。双官能团 PEG 修饰衬底或探针时，可能会难以通过控制反应体系浓度以及反应时间控制表面上修饰分子的密度。因此，使用性质相似但无后续反应活性的 "惰性" 单官能团 PEG 对双官能团 PEG 进行稀释可以实现便捷的表面分子修饰密度控制。

通常"惰性"PEG 一端为无常见化学活性,以甲基或者羟基封端,PEG 的另一端为活性官能团,可以与表面上的官能团偶联。将惰性 PEG(HO-PEG-Fun1 或 mPEG-Fun1) 与双官能团 PEG(Fun2-PEG-Fun1) 按照一定比例混合 (通常摩尔比为 2:1 到 10:1),控制总的 PEG 浓度与反应时间不变,只需调整混合比例即可实现有效双官能团 PEG 在表面上的修饰密度的改变。通常"惰性"PEG 分子的链长比双官能团 PEG 链长稍短,以便于修饰后 PEG 上的活性末端更好地暴露在表面上,而不是被"惰性"PEG 包裹起来,更有利于后续的化学修饰。然而,PEG 摩尔比为 2:1 的反应体系并不意味着修饰好的表面也具有 2:1 的摩尔比。两种 PEG 之间分子量和官能团的差异会影响化学反应的速率常数进而影响修饰分子密度的摩尔比。化学反应基于随机碰撞的特点,二维表面较少的分子总数导致无法满足预期的摩尔比。因此,浓度的控制是一个反复尝试与摸索的过程,需要结合实验结果从而建立起合适的实验体系。

3. 使用小分子"封闭"(block) 未反应的官能团

对于反应难以充分进行,且未反应的官能团可能会影响后续化学修饰的反应,可以考虑在下一步修饰反应之前,增加小分子"封闭"的步骤。更小的分子量带来了更大的扩散系数,更有利于快速充分的反应,实现对未反应官能团的封闭,同时暴露出来的部分均不具有后续的反应活性。例如,封闭基板或探针表面未参与反应的羧基或醛基,可以考虑使用乙醇胺或三羟甲基氨基甲烷等含有氨基的小分子。

4. 反应前体预先合成与减少反应步骤

如果单分子力谱实验设计的修饰步骤太长,也会有很多问题。首先是反应效率的问题,我们假设每步反应的效率为 90%,经过五步化学反应之后最终的目的分子仅占 59%,如果每步的反应效率为 80%,则五步总的效率会下降到 33%。诚然,低分子密度有利于单分子实验,然而这里提到的低分子密度是不可控的,无法建立起固定的探索方法实现特定需求的化学修饰。通过合理的实验设计减少修饰步骤可以有效地提升体系的可控性。其次,较多的反应步骤与较长的反应时间会极大地延长整个化学修饰过程的时间,因此有很高的时间代价与很低的容错率,也不利于前期更改化学修饰条件建立实验体系。

若化学修饰体系步骤较多、总的效率较低,则通过预先合成反应前体的方法提升反应效率。可以事先将后续需要偶联的分子在液体中进行偶联,并通过纯化得到纯品,随后将纯品通过化学修饰经过一到两步偶联在衬底上。比如,我们需要依次将 PEG、蛋白质以及蛋白配体连接在衬底上,可以先将目标蛋白和蛋白配体反应组装成蛋白质复合物并纯化,随后再将纯化好的复合物连接在衬底表面的 PEG 上。甚至某些情况下,蛋白质与 PEG 的结合效率仍然很低,将蛋白质预先与 PEG 偶联,随后将 PEG-蛋白复合物的纯品修饰在衬底上。或者对于多个化学分子一次偶联在衬底上,可以考虑将分子通过化学合成的方法偶联成整体,随后将纯品修饰在衬底上。预先合成反应前体的方法可以极大地提升反应的效率与可控性,然而相应的纯化分离策略没有了固相合成的优势,并且极大地依赖于分子本身的特性,需要相关的专业知识、操作技能甚至实验设备才能实现。

5.2　安 全 警 示

本章介绍的内容涉及化学反应、气体使用、设备使用以及微生物培养等诸多领域,涉及的安全提示非常繁杂,在此难以面面俱到地提醒读者注意。希望读者在使用这些方法之前,务必学习所在实验室安全操作规范,了解所用化学、生物制剂的安全说明与操作方法,保护人身安全与身体健康,同时注意保护环境。化学反应应该在通风橱中进行,在操作过程中需要佩戴防护手套、护目镜、防护口罩或防护面具、防护服、防护靴等相应防护装备。许多化学试剂有剧毒或者强致癌性,在使用过程中要尤其注意。同时,所有涉及的废液、固体废弃物等应严格按照实验室与环保部门的规定进行规范化处理。

5.3　探针、衬底表面清洁与羟基功能化

探针、衬底的表面清洁对单分子力谱实验非常重要,表面覆盖的有机物不仅会影响化学修饰的进行,也会在单分子力谱实验中产生异常的力曲线信号,干扰单分子事件的获得。商业化探针的针尖通常为硅或氮化硅材质,有的针尖表面会镀上一层金实现特定修饰。商业化的探针通常在超净间生产与包装,获取的探针无须处理即可进行 AFM 实验。然而,随着保存时间的增长,以及包装开封后的保存,都会导致空气中有机物颗粒黏附在探针上,影响使用。常见的商业化的玻璃衬底 (载玻片或盖玻片等)、石英 (SiO$_2$) 衬底、硅衬底以及金衬底等在生产与包装过程中虽然经过清洁,但并未考虑到单分子实验的实际使用需求,需要进一步表面清洁才能用于单分子研究。此外,对于硅、氮化硅、氧化硅或玻璃衬底,表面清洁与羟基化处理是将化学分子修饰在表面的第一步。常见的清洁方法主要有铬酸洗液方法、食人鱼洗液方法、臭氧–紫外清洁方法以及等离子体清洁方法,本节将针对探针与衬底的清洁介绍这些方法。

5.3.1　铬酸洗液方法

铬酸洗液 (chromic acid solution) 是化学实验室中常见的酸性清洁试剂,常用于清洗玻璃器皿。玻璃器皿的清洗通常使用稀释的铬酸洗液。对于单分子力谱实验,通常需要使用浓的铬酸洗液在短时间内对衬底进行高效可靠的清洁。铬酸

洗液的主要成分是浓硫酸与重铬酸钾 ($K_2Cr_2O_7$)，六价铬与浓硫酸表现出极强的氧化性，可以腐蚀掉与之接触的有机物，实现表面清洁。对于玻璃、石英、硅以及氮化硅表面，在使用铬酸洗液氧化并用水清洗之后，表面的硅原子会生成硅羟基，为后续硅烷化试剂反应提供了必要条件。铬酸洗液在常温下即可发挥其强氧化性，有时为了进一步增强清洁效果，在保证安全的前提下可以适当对铬酸洗液加热，实现更强的腐蚀性。与食人鱼洗液相比，铬酸洗液配制后可以长时间保持有效，在磨口玻璃瓶中至少可以保持一星期甚至更久。有效的铬酸洗液为暗褐色，当铬酸洗液逐步转变为墨绿色时说明六价铬已经逐渐变为三价铬，失去了强氧化性，清洁效果下降。配制好的铬酸洗液有着极强的吸水性，如果磨口瓶密封性较差且存放在湿度较大的环境里，铬酸会大量吸水并析出红色针状晶体，导致铬酸失效。

在实践中，铬酸洗液在镀金体系的清洁需要特别注意。对于在液体环境中使用的探针，悬臂背面通常有金镀层，这样的镀金探针可以在铬酸洗液中清洁。然而，如果镀层不够结实，铬酸洗液特别是加热的铬酸洗液在长时间处理探针时可能会剥落金镀层。另外，对于沉积在玻璃或者硅片上的金衬底，长时间的铬酸处理也会导致金镀层剥落。这些可能都与金镀层和表面之间的铬镀层有关。需要指出的是，重铬酸钾是一种环境不友好的试剂，根据美国国立卫生研究院 (NIH) 提供的信息 [20]，重铬酸钾毒性很强，致死剂量为 6g，而且有足够的证据表明重铬酸钾的强致癌性，重铬酸钾被列为一类致癌物，因此在使用过程中与废液处理时需要格外注意。对于有些生物实验，特别是重金属离子相关的蛋白质研究，残留的少量铬离子可能会影响到蛋白质本身的特性，应尽量避免使用铬酸清洗衬底或在实验前使用乙二胺四乙酸 (EDTA) 溶液充分清洗衬底除去残留的铬离子。

1. 铬酸洗液的配制 (以 400mL 铬酸洗液为例)

(1) 根据所需准备好干净且干燥的量筒、烧杯、玻璃棒与磨口玻璃瓶等器具，且佩戴好相应的防护装备 (如防腐蚀手套、口罩或防护面具、防护服、护目镜等)。

(2) 称取 20g 粉状重铬酸钾放入烧杯中，重铬酸钾尽量不要有大的颗粒，并量取 40mL 水加入烧杯溶解重铬酸钾至糊状。

(3) 量取 360mL 98％浓硫酸以极其缓慢的速度加入烧杯中，溶解过程会大量放热，注意不要被烫伤，并不断用玻璃棒搅拌保持烧杯受热均匀 (注意预先做好防护，防止烧杯炸裂导致的铬酸泄漏与飞溅)。随着浓硫酸的加入，重铬酸钾开始溶解使溶液显红色，整个体系会越来越浓稠直至变成番茄酱状的黏稠糊状物 (此时铬酐析出)。继续缓慢加入浓硫酸并保持玻璃棒搅拌，糊状物逐渐溶解，最终成为类似止咳糖浆的暗褐色均一液体 (铬酐充分溶解)。

(4) 配制好的铬酸须储存在磨口玻璃瓶中，且放置在指定区域，并做好危险标记。

(5) 失效的铬酸仍然具有强酸性与腐蚀性，需要注意防护。失效的铬酸与清洗铬酸的废液要倒入专门的废液回收容器内，交给专业的化学废弃物处理单位统一处理。

2. 铬酸洗液清洁衬底

对于切成小片的硅片、石英片或者玻璃片，可以选用小尺寸玻璃培养皿作为容器，对于长方形的载玻片或盖玻片可以用玻璃染缸作为容器进行清洗。

(1) 使用乙醇、丙酮、二氯甲烷或氯仿等有机溶剂清洗表面的有机物，用高纯氮气吹干。随后用纯水冲洗除去可能的盐等物质，用高纯氮气吹干。可以适当超声以增强清洗效果。注意有机溶剂必须用氮气吹干后才可进行清洗，以防止有机溶剂接触洗液后发生火灾或者爆炸。如果对于已经做过预先洁净处理的衬底，此步也可以省去。

(2) 将衬底浸泡在铬酸洗液中。对新配制的铬酸洗液浸泡 1 小时以上，通常建议浸泡过夜以达到理想的清洁效果。如果适当加热到 $80 \sim 100℃$，浸泡 30 分钟以上即可达到清洁效果。

(3) 使用超纯水清洗衬底多次，并用高纯氮气吹干。这里注意清洗的废液须回收至指定容器。清洗干净的衬底建议立刻使用，不建议长时间保存。

3. 铬酸洗液清洁探针

(1) 探针通常选用扁形称量瓶或者小尺寸玻璃培养皿作为容器。将探针取出后，直接放入铬酸洗液中浸泡即可，通常浸泡 30 分钟即可达到清洗效果。如果需要适当加热，一般不建议超过 30 分钟，以防止探针的金镀层剥落。这里需要注意的是，铬酸洗液有着较大的表面张力，探针在放入铬酸时表面张力可能会破坏掉极软的悬臂，操作时需要多加注意。

(2) 使用超纯水非常轻柔地冲洗探针，在氮气流中干燥或用滤纸吸干残余的水分。必要时，特别是对于后续需要无水反应环境的体系，可以使用高纯度的乙醇再次冲洗探针，滤纸吸干残余的乙醇后，放入干净的玻璃器皿中在烘箱中烘干。

5.3.2　食人鱼洗液方法

食人鱼洗液 (piranha solutions) 是浓硫酸与 30%过氧化氢的混合溶液，配制过程中产生的活性氧有着极强的氧化性，可以在对探针与衬底清洗的同时实现表面的羟基化处理。与铬酸洗液相比，食人鱼洗液的氧化性依赖于活性氧的产生，随着活性氧的分解，其氧化效果也逐渐降低，因此需要现配现用，无法长期保存。食人鱼洗液不会对探针的金镀层有显著的破坏，可以用于金镀层探针、衬底的清洁[21]。食人鱼洗液相对于铬酸对环境更为友好，无重金属离子，也无强致癌物的存在，对人和环境危害更小。

1. 食人鱼洗液的配制 (以 100 mL 食人鱼洗液为例)[22]

(1) 根据需要准备好相应的干净且干燥的烧杯、玻璃棒等玻璃器皿，且佩戴好相应的防护装备 (如防腐蚀手套、口罩或防护面具、防护服、护目镜等)。

(2) 量取 75 mL 98% 浓硫酸，加入烧杯中。

(3) 量取 25 mL 30% H_2O_2 溶液，缓缓加入烧杯中，并用玻璃棒轻轻搅拌。混合时会放出大量的热甚至使体系沸腾，同时产生大量气泡，需要注意烫伤与液体飞溅。

(4) 配制好的食人鱼洗液须趁热立刻使用，不可使用密闭的玻璃器皿盛放食人鱼洗液，防止氧气累积引起爆炸。

(5) 通常 30 分钟后洗液的清洁效果开始下降，但仍具有强腐蚀性，需要待洗液降温且无气体生成后，用指定容器回收处理。

2. 食人鱼洗液清洁衬底

对于切成小片的硅片、石英片或者玻璃片，可以选用小尺寸玻璃培养皿作为容器，对于长方形的载玻片或盖玻片可以用玻璃染缸作为容器进行清洗。

(1) 使用乙醇、丙酮、二氯甲烷或氯仿等有机溶剂清洗表面的有机物，用高纯氮气吹干。随后用纯水冲洗除去可能的盐等物质，用高纯氮气吹干。可以适当超声以增强清洗效果。注意有机溶剂必须用氮气吹干后才可进行清洗，以防止有机溶剂接触洗液后发生火灾或者爆炸。如果对于已经做过预先洁净处理的衬底，此步也可以省去。

(2) 将衬底浸泡在食人鱼洗液中，浸泡 30 分钟即可达到清洗效果。

(3) 使用超纯水清洗衬底多次，并用高纯氮气吹干。这里注意清洗的废液须回收至指定容器。清洗干净的衬底建议立刻使用，不建议长时间保存。

3. 食人鱼洗液清洁探针[21,23,24]

(1) 探针通常选用扁形称量瓶或者小尺寸玻璃培养皿作为容器。将探针取出后，直接放入食人鱼洗液中浸泡即可，通常浸泡 30 分钟即可达到清洗效果。由于食人鱼洗液会产生大量气泡，在悬臂上附着的气泡可能会损坏悬臂，在探针上附着过多气泡可能导致探针在洗液中翻覆或漂浮至洗液表面，导致损坏悬臂或降低清洁效果。在清洗过程中需注意。

(2) 使用超纯水非常轻柔地冲洗探针，在氮气流中干燥或用滤纸吸干残余的水分。

5.3.3　紫外–臭氧清洗

　　紫外–臭氧清洗方法不使用浓硫酸等危险的试剂，操作相对更加安全。紫外–臭氧清洗需要使用紫外–臭氧清洗机，清洗机腔室顶端有一个低压汞灯，通入氧气后，腔室内的氧气受到汞灯产生的 184.9nm 紫外线激发，产生臭氧与氧原子，产生的臭氧分子可以进一步被 253.7nm 的紫外线分解并生成高活性氧原子。此外，253.7nm 的紫外线可以激发表面上的有机分子，部分有机分子可以形成自由基。高能活性氧原子与有机分子或自由基结合生成水蒸气、二氧化碳、氮气或氧气等气体，实现有机物清洁的作用 [25]。紫外–臭氧清洗装置通常会带有加热功能，可以适当加热以增加清洁效果。同时高能的活性氧会提升表面硅原子的活性，清理后经过水洗即可使表面携带硅羟基。臭氧–紫外清洗方法相对洗液方法更加温和，可以对 PDMS 等有机材质衬底进行清洗并实现硅羟基化处理 [26,27]。

　　紫外–臭氧处理探针或衬底。

　　(1) 使用乙醇、丙酮、二氯甲烷或氯仿等有机溶剂清洗衬底表面的有机物，用高纯氮气吹干。随后用纯水冲洗除去可能的盐等物质，用高纯氮气吹干。对于衬底，可以适当超声以增强清洗效果。注意有机溶剂必须用氮气吹干后才可进行清洗，以防止氧化发生火灾或者爆炸。这一步通常是必需的，潜在的有机物膜由于紫外线的交联作用可能会形成抗紫外线的薄膜并且难以除去 [25]。

　　(2) 将衬底或探针放在紫外–臭氧清洗机的样品台上，调整样品台高度使得探针或衬底足够接近低压汞灯灯管，通常约 1 cm。

　　(3) 关闭腔室后，通入氧气，100℃ 下进行臭氧–紫外处理约 20 分钟。需要注意的是，臭氧是对环境与人体有害的气体，需要废气处理装置处理排出的臭氧气体。

　　(4) 取出后即洁净的探针或者衬底。如果需要表面进行硅羟基处理，取出后立刻使用超纯水对探针或衬底进行清洗即可使表面携带硅羟基。

5.3.4　等离子体清洗

　　等离子体清洗方法是通过在低真空下通过高频交变电场电离气体产生等离子体，通过等离子体轰击表面实现物理清洗，氧化或还原性的电离气体在接触表面上的有机物时可以氧化或还原有机物并以气体的形式挥发实现化学清洗。常用的气体有氩气 [28]、氢气、氧气 [21]、二氧化碳以及水蒸气 [29] 等。其中，氩气主要的功效为物理清洗，氧气在物理清洗的基础上可以提供氧化性的化学清洗。氩气与氧气也可以混合使用，以平衡两种清洗的效果 [30]。对于衬底的清洁，需要事先使用乙醇、丙酮或氯仿等有机溶剂以及超纯水清洁衬底表面，高纯氮气吹干后方可进行等离子体清洗。对于探针的清洁，在高能的等离子体清洗设备中可能会损坏探针，可以通过设置相应的屏蔽设施实现探针的安全清洗 [21]。硅 [30]、氮化硅[28]、玻璃[31] 等表面经等离子体清洗设备清洗后即为亲水表面，湿度控制或使用超纯水清洗表面即可实现探针或衬底表面携带硅羟基，实现表面的羟基化处理。甚至对于聚合物表面等有机材质的衬底也可通过等离子体清洗达到清洁与硅羟基化的目的[32-34]。使用等离子体清洗设施通常几十秒即可完成清洗，是一种十分快捷的清洗方法。经等离子体清洗设备清洗过的腔室事实上是一个理想的低压、洁净环境，可以利用这种环境在进行等离子体清洗并羟基活化后，直接引入低蒸气压的硅烷化试剂对清洗并活化的表面进行硅烷化处理[30]。

5.3.5 金衬底与镀金探针的清洁

除了常见的含硅衬底以外，金衬底也是单分子力谱实验中常用的衬底。使用金衬底可以很好地与含巯基分子发生偶联反应，实现表面修饰。因此金衬底的清洁变得尤为重要。除去使用块体金材料作为衬底以外，金衬底通常是通过金镀层在玻璃、硅片等表面沉积实现。在沉积金之前，会在表面沉积一层铬以起到 "黏接剂" 的作用。前面我们也曾提到，铬酸可能会腐蚀这层铬镀层，导致金镀层的剥落。因此，铬酸洗液对金表面特别是镀金表面的处理要更加慎重。一般来说，刚刚蒸镀完成的金衬底是天然清洁的表面，可以直接使用。购买或长时间存储的金表面需要进行清洁才能达到单分子实验的使用要求。金衬底的清洁可以通过食人鱼洗液或紫外–臭氧方法来实现。使用高纯度的乙醇清洗金表面，高纯氮气吹干后将金表面在食人鱼洗液中处理至少 10 分钟即可达到清洁目的，随后使用超纯水清洗并用高纯氮气吹干即可得到清洁的金表面[35]。也可将金表面放入臭氧–紫外清洗装置中处理 10~20 分钟，即可实现对金衬底或镀金探针的清洁[36,37]。经过氧化处理的金衬底，金表面金原子的氧化态可能会发生改变，金原子氧化态的改变会显著改变金—硫键的强度[35]，进一步影响表面修饰的性能与单分子实验的结果。将氧化清洁的金表面在高纯乙醇中室温处理 2 小时[35] 或在 65℃ 的高纯乙醇中处理 30 分钟[35] 即可获得还原态的金表面。氧化态或还原态的清洁金衬底需要立刻使用，不建议长时间储存。

5.4 探针、衬底表面功能化：分子偶联的第一步

探针、衬底表面修饰最终是需要将研究所需的有机小分子或者生物大分子连接在表面上，首先需要在硅基或金等无机材料中修饰上有机物以实现表面的功能化。硅基衬底，如硅片、玻璃、石英、氮化硅等，通过氧化清洁实现硅羟基化后，可以通过硅烷化试剂通过形成 Si—O—Si 键将相应的官能团修饰在探针上。利用硅烷化试剂可以构建平坦的共价连接的单层有机膜[38,39]，硅烷分子的表面密度为 $2.1\sim4.2\,\mathrm{nm}^{-2}$ [40,41]。对应硅基表面，也可通过含羟基的试剂形成 Si—O—C 键进行修饰。对于金衬底，可以通过金与巯基形成 Au—S 键实现对金表面的功能化

修饰。这些表面通过有机分子功能化之后，即可进行后续的特异性偶联反应，实现相应的化学修饰。本节将重点介绍基于硅烷化试剂、醇类试剂以及硫醇类试剂进行表面功能化的方法。

5.4.1 硅烷化反应实现表面功能化

用于硅基表面硅烷化反应的试剂为硅氧烷试剂，如图 5.4 所示，硅氧烷以硅原子为中心，连接一个以活性官能团 R_1 为末端的长链烷基和三个烷氧基—O—R_2，通常是甲氧基或者乙氧基。甲氧基或乙氧基在水的作用下会形成硅羟基，硅羟基与探针或衬底表面的硅羟基可以形成 Si—O—Si 键，实现有机物修饰在无机表面。可以看到水在反应中起到了催化剂的作用。硅烷化试剂对水非常敏感，少量的水就会诱发硅氧烷形成硅羟基并进一步诱发硅羟基直接的聚合反应，不可逆地形成硅氧烷高聚物。不确定性高聚物的引入对单分子力谱实验来说无异于是灾难性的。因此，硅烷化试剂在使用过程中应注意控制体系的水含量与反应时间的关系，反应应在含水量极低的环境中进行，同时控制反应时间。有些方法建议在 5%～10% 的含水体系中进行，这类方法应该严格控制反应时间 [42]。鉴于上述分析，硅烷化试剂通常建议储存在无水密封的环境中，在取用时也应尽可能减少水蒸气对试剂的影响，不仅延长了试剂储存寿命，也可降低产生硅氧烷高聚物的可能性。

我们以最常用的硅烷化试剂 APTES 为例，介绍一些硅烷常用化试剂的命名和简称。3-氨基丙基三乙氧基硅烷，英文名称为 3-AminoPropylTriEthoxySilane，缩写为 APTES，有的文献中缩写为 APTS。这类试剂通常以类似方法进行缩写命名，A 对应 amino 氨基，P 对应 Propyl 丙基，TE 对应 triethoxy 三乙氧基，S 对应 silane 硅烷。除了官能团缩写 A 会根据硅烷化试剂改变名称，烷氧基也可能为 TM，对应三甲氧基 trimethoxy。

最常用的硅氧烷为 APTES 和 MPTMS 两种。根据活性官能团需求的不同，有多种商业化的硅烷化试剂可以获取，如氨基、巯基、叠氮基、环氧乙烷基团、乙烯基、异硫氰基、卤原子等，可以用于后续的偶联 (表 5.1)。也有非活性官能团的硅烷化试剂，即 R_1 为烷烃，这类试剂可以和其他硅烷化试剂用于稀释表面官能团的修饰密度，也可以单独使用，用于在探针或衬底表面生成疏水性的表面。此外，硅氧烷与活性官能团之间不一定为长链烷烃连接，目前也有一些商业化的硅烷化试剂使用聚乙二醇长链来连接硅氧烷与活性官能团。尽管理论上与实验上都表明甲氧基有着更强的反应活性 [43]，但是甲氧基和乙氧基在使用中活性差异不大 [44]，在选择硅烷化试剂时无须特殊要求甲氧基或乙氧基的种类。此外，单烷氧基、二烷氧基与三烷氧基的硅烷化试剂均有相关试剂可供选择，研究表明烷氧基数目越少，越容易形成可控的单层分子膜 [45]。为了保证在单分子力谱实验中的固定强度，形成三根 Si—O—Si 键更为可靠，三烷氧基的硅烷化试剂仍然是优先考虑的。

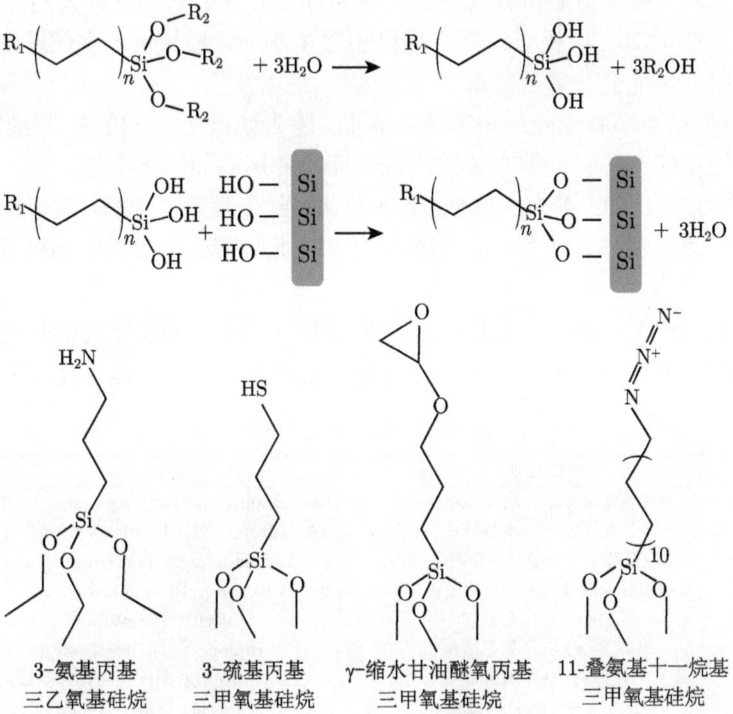

3-氨基丙基三乙氧基硅烷　　3-巯基丙基三甲氧基硅烷　　γ-缩水甘油醚氧丙基三甲氧基硅烷　　11-叠氮基十一烷基三甲氧基硅烷

图 5.4　硅氧烷与硅羟基化处理的表面反应原理与常见硅烷化试剂

1. 无水液相反应实现硅烷化修饰

甲苯等无水有机试剂有着极低的含水量，常见的甲苯中含有小于 0.03% 的水。空气中的水蒸气、衬底表面的水膜等与甲苯中的水共同催化了硅烷化反应，可以很好地抑制硅烷试剂的高聚反应，在表面形成均匀的单层分子膜。研究表明，在短时间内，硅烷试剂的浓度、反应温度对修饰影响不明显，长时间、高温反应会导致硅烷试剂形成高聚物[37]。实际使用中，需要选用高纯度的甲苯作为溶剂，以防止杂质的聚集影响后续单分子实验。高纯度的甲苯无须进行无水处理即可使用，实际应用中，进行无水处理的甲苯在干燥条件下仍然可以触发硅烷化反应，这可能与未绝对干燥的探针或衬底表面形成的水膜有关。

甲苯作为溶剂进行硅烷化反应 (以 APTES 为例)。

(1) 需要进行硅烷化反应的探针或衬底表面按照前面描述的方法进行清洁与硅羟基化处理。随后表面用超纯水清洗，并充分干燥。反应一般使用玻璃或聚四氟容器，使用前应充分清洗并充分干燥。

(2) 使用高纯度甲苯配制 1% (V/V)[①] APTES 的甲苯溶液。

(3) 表面在 APTES 溶液中浸泡 30 分钟到 1 小时。反应应在干燥的环境中进行，并注意不要使用敞口容器以防止甲苯挥发。对于分子量较大的硅烷化试剂，也可适当加热至 70℃。反应通常不建议超过 1 小时，最长也不宜超过 2 小时，过长的反应时间可能会导致硅氧烷产生高聚物。

(4) 反应结束后首先使用甲苯清洗表面，除去残留的 APTES，高纯氮气干燥。随后用高纯度的乙醇和超纯水依次清洗表面，并用高纯氮气干燥。

(5) 表面在 110℃ 退火 20 分钟实现固化。此步骤是可选的，温度可以适当降低到 80℃，对于某些温度敏感的活性官能团，此步骤也可省略，仍可获得很好的固定效果。

甲苯是目前使用最为广泛的溶剂，对于以 PEG 作为长链的硅烷化试剂在甲苯中的溶解性并不是很好，可以选择氯仿、乙醇等溶剂进行硅烷化反应。

表 5.1   常见硅烷化试剂

官能团	中文名称	英文名称
氨基	3-氨基丙基三乙氧基硅烷	(3-aminopropyl)triethoxysilane, APTES
巯基	3-巯基丙基三甲氧基硅烷	(3-mercaptopropyl)trimethoxysilane, MPTMS
叠氮基团	11-叠氮基十一烷基三甲氧基硅烷	11-azidoundecyltrimethoxysilane
环氧乙烷基	γ-缩水甘油醚氧丙基三甲氧基硅烷	(3-glycidyloxypropyl)trimethoxysilane, GPTMS
双键	烯丙基三乙氧基硅烷	allyltriethoxysilane
卤原子	(3-溴丙基) 三甲氧基硅烷	(3-bromopropyl)trimethoxysilane
	(3-氯丙基) 三甲氧基硅烷	(3-chloropropyl)trimethoxysilane
烷基	三甲氧基 (丙基) 硅烷	trimethoxy(propyl)silane
	十六烷基三甲氧基硅烷	hexadecyltrimethoxysilane

2. 含水液相反应实现硅烷化修饰

含水液相的硅烷化反应，其反应速度很快，会发生少部分的硅氧烷之间的偶联形成寡聚体。这些寡聚体修饰在表面上，可以实现一个柔软衬底的模拟，应用于特殊的单分子力谱研究[46]。通常将表面进行羟基化处理后充分干燥，在体积比为 5:5:90 的 APTES:超纯水:高纯乙醇的混合溶液中浸泡 30 分钟，随后依次用超纯水和高纯乙醇清洗并用高纯氮气干燥[42]。修饰的时间可以适当调整，通常从几分钟到几十分钟，以达到不同的修饰目的。

3. 气相沉积法硅烷化修饰

气相沉积法可以很好地控制表面上硅烷化试剂的密度，是用于单分子实验修饰的理想方案。目前的气相沉积法主要分为两种，一种是基于化学气相沉积 (CVD) 设备，另一种是通过硅烷化试剂挥发的形式在表面进行沉积 (图 5.5)。

---

① V/V 代表体积化。

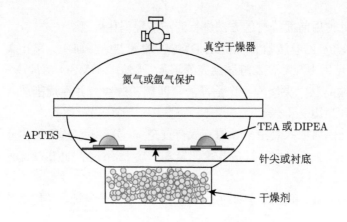

图 5.5 蒸汽沉积法装置示意图

1) CVD 方法 [45,47]

CVD 腔室温度设定在 150℃，压力为 0.5 个大气压。经过有机液体和超纯水清洁的衬底放入腔室，用氧气等离子体清洁 10 分钟，随后用氮气吹扫。注入 500μL 超纯水对表面进行水和。随后注入 500μL APTES 沉积至少 10 分钟，随后用氮气充分吹扫，即可获得 APTES 修饰的表面。

2) 硅氧烷蒸汽沉积方法 [48]

洁净、干燥的 2 L 干燥器用高纯氩气吹扫 2 分钟，使干燥器充满氩气。随后在干燥器的支架上一字排开放置三个洁净的衬底 (封口膜、聚四氟乙烯片、新揭云母片或洗液清洁的玻璃片均可)。两侧分别滴加 30μL APTES 与 10μL 三乙胺 (TEA) 或 N, N-二异丙基乙胺 (DIPEA)，在中间表面上放置羟基化处理的衬底或探针。用高纯氩气吹扫 3 分钟后，用硅脂密封干燥器，反应 30 分钟到 2 小时。之后取出 APTES 并用高纯氩气吹扫干燥器，即可得到 APTES 修饰的表面。

5.4.2 乙醇胺对硅基表面功能化

经过羟基化处理的硅基表面，可以通过乙醇胺上的羟基与硅羟基反应生成 Si—O—Si 键实现偶联。乙醇胺对空气湿度不敏感，而且在反应过程中不会生成高聚物，因此对操作者的要求更低，更容易实现优质的修饰结果。一个乙醇胺分子只能生成一个 Si—O—Si 键，Si—O 键的强度较为薄弱，无法应用于需要施加大力的单分子研究体系。而硅氧烷每个分子可以形成三个 Si—O—Si 键，可以为各种单分子研究提供足够高的力学强度。读者在选择修饰方式时，应加以考虑。

乙醇胺修饰探针 [49]。

(1) 实验使用的玻璃器皿与聚四氟乙烯器具充分清洁并干燥。

(2) 探针使用前面描述的方法进行清洁与羟基化处理。

(3) 将 3.3g 乙醇胺盐和 6.6mL DMSO 加入到结晶皿中，盖上盖子，加热到 70℃，并通过磁力搅拌使乙醇胺盐充分溶解。随后，DMSO 溶液恢复到室温。

(4) 在结晶皿中央浸泡一个洁净的聚四氟乙烯块，并在周围放入 3Å 型的分子筛以保持 DMSO 干燥。

(5) 把结晶皿放入真空干燥器，保持真空 30 分钟对 DMSO 和分子筛脱气。

(6) 脱气结束后，将探针放在聚四氟乙烯块上，保持 DMSO 浸没探针，盖上盖子，室温反应过夜。

(7) 用 DMSO 和乙醇分别冲洗探针三次，每次一分钟，并用高纯氮气或氩气干燥。

5.4.3 基于金—硫键的金衬底功能化

金可以与含巯基化合物形成金—硫键，形成的金—硫键可以达到共价键级别的力学强度 [35]，用于表面修饰与单分子实验 (图 5.6)。硫醇类化合物在金表面的吸附行为已经得到了广泛的研究和应用，对反应浓度、温度、时间、溶剂等都有了深入了解 [18]。金衬底功能化最常用的溶剂为高纯度的乙醇，除此之外四氢呋喃、二甲基甲酰胺、乙腈、甲苯等都是该反应的良溶剂。通常认为硫醇的浓度在 1~10mmol/L 即可快速地在金表面吸附组装成单分子膜。该反应在室温下即可发生，1mmol/L 的硫醇反应 12 到 18 小时即可在金表面产生均一的单分子膜。因此，将经过清洁的金衬底或探针浸泡在 1~10mmol/L 硫醇的乙醇溶液中，室温反应 12 到 18 小时，随后用乙醇充分清洗衬底或探针，高纯氮气干燥后即可得到功能化的金衬底或探针用于下一步表面修饰。

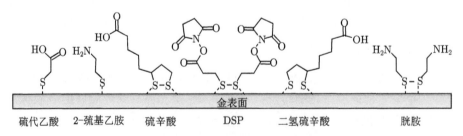

图 5.6 常见用于金表面修饰的含硫试剂

单个金—硫键可能还不足以提供足够的力学强度，可以选择一个分子中带有多个巯基的分子进行表面反应，如硫辛酸 (lipoic acid) 与二氢硫辛酸 (dihydrolipoic acid)。也可选择带有二硫键的分子进行反应，如胱胺 (cystamine) 和二硫双丙酸琥珀酰亚胺酯 (dithiobis(succinimidyl)propionate, DSP)。

有些蛋白质会天然地暴露出半胱氨酸的巯基用于蛋白质和金衬底的直接偶联，也可以通过点突变的方法在蛋白质的特定位置引入暴露在外的半胱氨酸。在缓冲液中，进行低温长时间的反应可以使蛋白质通过金—硫键的形式直接连接在金衬底上。

5.5 双官能团分子

根据对化学修饰的描述，对探针或衬底表面进行功能化之后，应以尽可能少的步骤将目标分子偶联在表面上。通常我们会选取可以直接和目标分子发生化学反应的官能团，将这样的官能团通过前面的表面功能化方法修饰在表面上，进而通过一步反应将目标分子偶联在表面。然而，通常有两种情况使我们不得不使用双官能团分子增加至少一步反应。第一种情形是无法找到合适的硅烷化试剂，使表面硅烷化之后可以通过一步反应实现目标分子偶联，这时就需要双官能团分子与功能化表面反应，实现表面官能团的转换，以达到后续修饰的目的。第二种情形是，单分子研究需要使用长链的分子作为探针与衬底之间的间隔并充当指纹谱，因此需要用到长链的双官能团分子"延伸"活性官能团与表面的距离，并且要便于后续修饰。根据分子携带的两个官能团是否相同，双官能团分子又可以分为同双官能团分子和异双官能团分子。本节将根据上述分类介绍常见的双官能团分子及用途。

5.5.1 同双官能团分子

同双官能团分子 [50] 通常用于连接两个相同的官能团，由于硅烷化试剂中最为常用的基团为氨基和巯基，因此常用的同双官能团分子以连接两个氨基或两个巯基为目的。

戊二酸的羧基通过活化可以和氨基在温和的条件下快速反应，将戊二酸连接到氨基功能化的表面，随后可以将暴露的羧基再次活化 (图 5.7)，用于连接目标分子所携带的氨基。一些内酸酐，如戊二酸酐也可以替代戊二酸作为双羧基分子进行偶联，戊二酸酐可以与氨基进行反应生成酰胺键，并暴露出一个羧基，羧基经活化后可以继续与后续含氨基的分子偶联 (图 5.7)。使用戊二酸酐代替戊二酸会使得反应体系更加可控。此外，也可以购买预先用 NHS 活化的戊二酸进行偶联反应。然而，NHS 活化后的羧基对水极其敏感，对试剂的保存和取用有着更高要求。

与戊二酸类似，戊二醛也常用于两个氨基的连接，特别是快速地将蛋白质偶联到 APTES 的表面上 [15](图 5.7)。戊二醛在偶联过程中无须活化，因此有着更好的适用性，然而基于醛基与氨基的反应产物极易酸解，需要在偏碱性环境下进行，且须在反应中使用氰基硼氢化钠对产物进行还原以防止酸解。

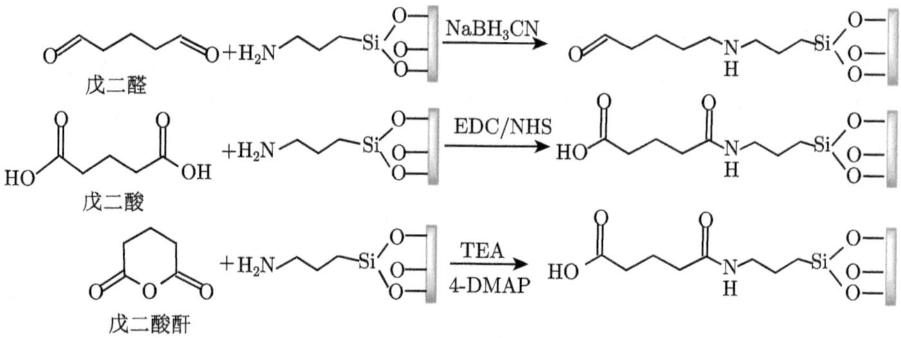

图 5.7　戊二醛、戊二酸以及戊二酸酐用于两个氨基的偶联

双马来酰亚胺试剂通常用于两个巯基的连接，马来酰亚胺可以在多种溶剂中以温和的条件与巯基快速发生反应实现偶联。常见的双马来酰亚胺试剂有 N,N′-(1,3-亚苯基) 二马来酰亚胺，以及马来酰亚胺乙烷等 (图 5.8)。乙二胺等含有两个氨基的试剂可以作为两个羧基的偶联分子。环氧乙烷可以通过开环反应与氨基或巯基快速偶联，可以选用带有两个环氧乙烷的衍生物作为氨基之间或巯基之间的偶联剂，如 1,2,7,8-二环氧辛烷。

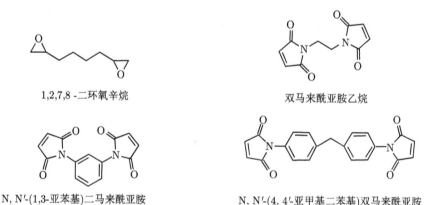

1,2,7,8 -二环氧辛烷　　　　　　　　　　　双马来酰亚胺乙烷

N, N′-(1,3-亚苯基)二马来酰亚胺　　　　　N, N′-(4, 4′-亚甲基二苯基)双马来酰亚胺

图 5.8　几种常见的同双官能团分子

5.5.2　异双官能团分子

只要一个分子中携带有两种不同的官能团，即可以称之为异双官能团分子。本章后续讨论的化学反应涉及的官能团，如叠氮基、炔基、双键、巯基、羧基、氨基、醛基、卤原子等，都可以归纳到本小节当中。考虑到在实际研究中，携带氨基和巯基的分子特别是生物大分子高频率的出现，常用的硅烷化试剂也基于氨基或者巯基，这里旨在介绍几种最为常见的用于氨基与巯基相互连接所使用的体系。

连接氨基和巯基最常用的官能团分别为 NHS 活化的羧基与马来酰亚胺。具有这两种官能团最常见的小分子叫作 SMCC (4-(N-Maleimidomethyl)cyclohexanec-arboxylic acid N-hydroxysuccinimide ester, 4-(N-马来酰亚胺基甲基) 环己烷-1-羧酸琥珀酰亚胺酯)。NHS 活化羧基与马来酰亚胺之间通过一个环己烷连接。此外,NHS 活化羧基与马来酰亚胺之间也可以通过长链烷烃或乙二醇寡聚体连接,如 6-(马来酰亚胺基) 己酸琥珀酰亚胺酯和马来酰亚胺-PEG_2-琥珀酰亚胺酯等 (图 5.9)。

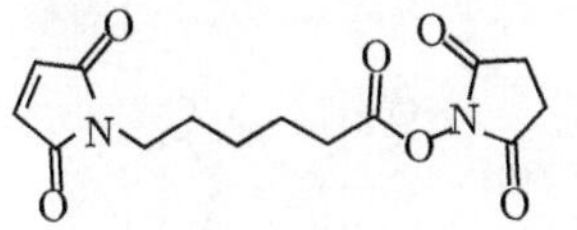

6-(马来酰亚胺)己酸琥珀酰亚胺酯 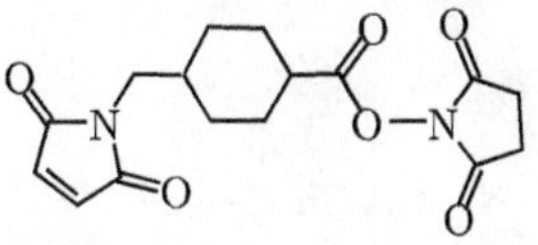　　　4-(N-马来酰亚胺基甲基)环己烷-1-羧酸琥珀酰亚胺酯
SMCC

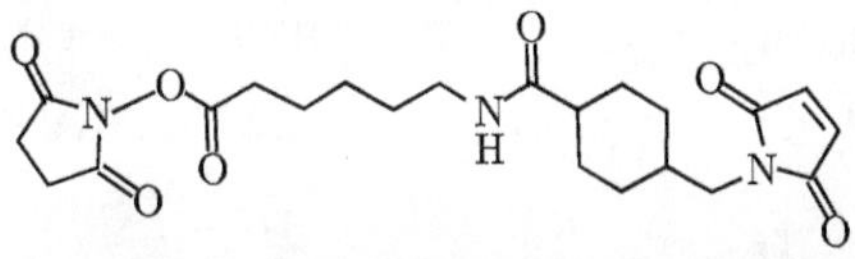

琥珀酰亚胺基-4-(N-马来酰亚胺甲基)环己烷-1-羧基-(6-酰胺基己酸酯)
LC-SMCC

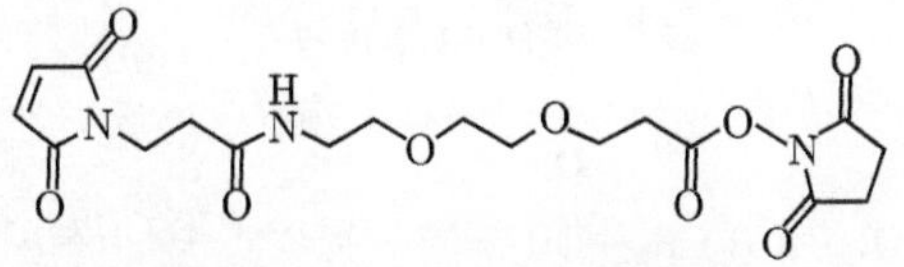

马来酰亚胺-PEG_2-琥珀酰亚胺酯
图 5.9 几种常见的用于氨基与巯基偶联的双官能团小分子

5.5.3 双官能团长链分子

前面的介绍中我们已经知道,PEG 有着良好的亲水性和生物相容性,既可以在单分子实验中隔开探针与衬底,也可以充当指纹谱,被广泛应用于生物化学的单分子力学研究中。PEG 可以在多种极性、非极性溶剂中得到很好的溶解,如 DMSO、DMF(N, N-二甲基甲酰胺)、二氯甲烷、丙酮、乙醇、甲醇、氯仿、甲苯等,也可以很好地在不同 pH 的缓冲液中使用。

常见的官能团都可以作为 PEG 长链的末端,如氨基、羧基或者 NHS 活化的羧基、巯基、马来酰亚胺或者双键、环氧乙烷基、叠氮基、炔基等。在防止自交联的前提下,这些基团可以相互组合成多种多样的同官能团分子或异官能团长链 PEG 分子。此外,一端为活性官能团、另一端为甲基封端的单官能团 PEG 也十分重要,通过混合 PEG 的方法可以控制在化学修饰过程中的表面密度。

连有长链 PEG 的硅烷化试剂也可通过购买获得。长链 PEG 的一端为三乙氧基硅烷或三甲氧基硅烷,另一端几乎可以包括上述提到的所有活性官能团

(图 5.10)。当然，PEG 的吸湿性特点与硅氧烷试剂对潮湿敏感的特点相互矛盾，对于使用、存放时保持干燥有着更高的要求。

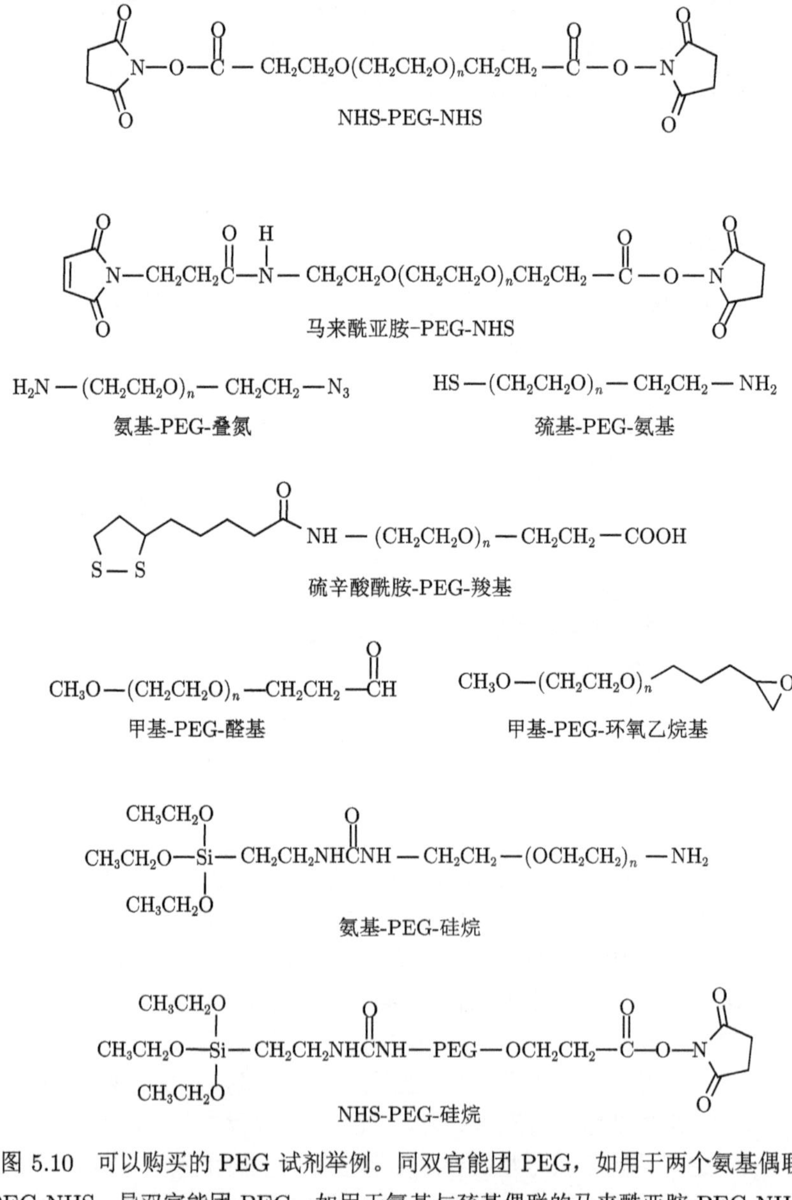

NHS-PEG-NHS

马来酰亚胺-PEG-NHS

$H_2N — (CH_2CH_2O)_n — CH_2CH_2 — N_3$
氨基-PEG-叠氮

$HS — (CH_2CH_2O)_n — CH_2CH_2 — NH_2$
巯基-PEG-氨基

硫辛酸酰胺-PEG-羧基

$CH_3O — (CH_2CH_2O)_n — CH_2CH_2 — CH$
甲基-PEG-醛基

$CH_3O — (CH_2CH_2O)_n$
甲基-PEG-环氧乙烷基

氨基-PEG-硅烷

NHS-PEG-硅烷

图 5.10　可以购买的 PEG 试剂举例。同双官能团 PEG，如用于两个氨基偶联 NHS-PEG-NHS。异双官能团 PEG，如用于氨基与巯基偶联的马来酰亚胺-PEG-NHS。用于金表面修饰的 PEG，如硫辛酸酰胺-PEG-羧基。用于混合 PEG 反应的甲基封端 PEG，如甲基-PEG-醛基。用于硅烷化反应的硅烷 PEG，如氨基-PEG-硅烷

5.6 常用化学偶联反应

5.6.1 氨基与羧基偶联

1. NHS 酯方法

氨基无法与羧基直接反应生成酰胺键，羧基需要活化才能实现酰胺键的生成。在众多活化方法中，琥珀酸酰亚胺酯 (NHS ester) 方法在水环境和有机环境中都具有高效反应活性，且反应体系拥有良好的生物相容性，除各类单分子实验外，还被广泛应用于生物、化学领域中的偶联反应 (图 5.11)。

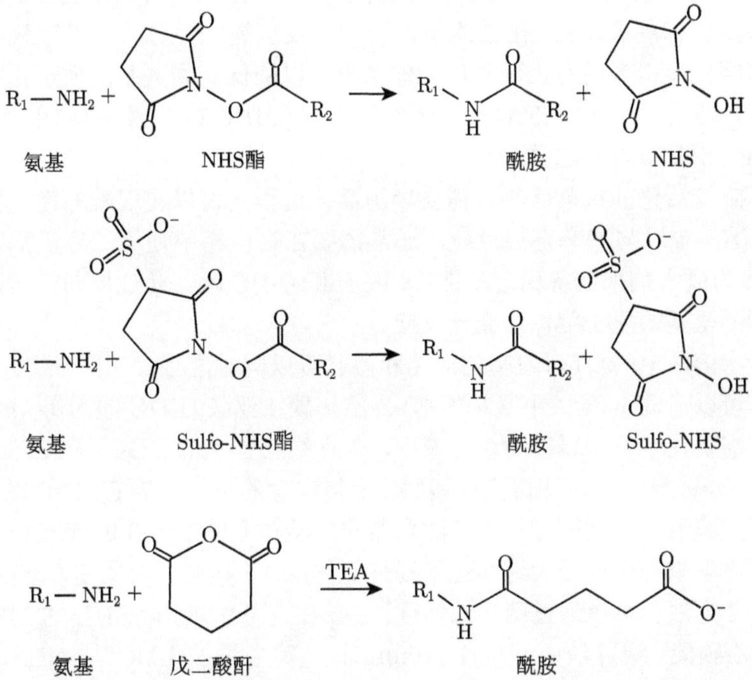

图 5.11 氨基与 NHS 或 sulfo-NHS 活化的羧基、戊二酸酐反应实现氨基–羧基的偶联

经活化的 NHS 酯与氨基的反应可以在缓冲液中进行。需要注意的是，缓冲液的 pH 会严重影响反应的进行。随着 pH 的升高，氨基会更好地去质子化，这有利于反应的进行。然而，随着 pH 的升高，NHS 酯在缓冲液中会迅速地自发水解生成对应的酸和 NHS，这显然不利于反应的进行。研究表明，NHS 在 pH 为 7.0、温度为 4℃ 的环境中的水解半衰期为 4 到 5 小时，而在 pH 为 8.0、温度为 25℃ 的环境中，水解半衰期只有 1 小时，当 pH 升高到 8.6 时，即使在 4℃ 下，水解半衰期仍然只有约 10 分钟。实际使用中通常将 pH 控制在 7.2~8.5，反应

30 分钟到 2 小时即可。常规的磷酸盐缓冲液、碳酸盐–碳酸氢盐缓冲液、HEPES (4-羟乙基哌嗪乙磺酸) 缓冲液以及硼酸缓冲液都可以作为反应环境。注意含有伯胺的缓冲液不适合用于 NHS 酯和氨基的反应体系，如 Tris 缓冲液，显然 Tris 分子上的氨基会与反应底物上的氨基形成竞争反应，不利于反应的发生。

磺酸基 NHS 酯 (sulfo-NHS ester) 是 NHS 酯更好的一种替代品。sulfo-NHS 酯在反应原理上与 NHS 酯完全相同，但是 NHS 上的磺酸基可以很好地增强底物的水溶性，使水中溶解性较差的羧基底物在水溶液中反应。同时磺酸基也延长了 NHS 酯在水溶液中的水解半衰期，更有利于反应的充分发生。因此，如果反应有必要在水溶液中进行，尽可能选择 sulfo-NHS 酯活化的羧基底物。

NHS 酯也可以在 DMSO 或 DMF 等多种有机溶剂中与氨基发生反应。有机溶剂体系显著抑制了 NHS 酯的水解，有利于反应更加充分。通常建议加入与底物上氨基等量或稍多的有机碱到反应体系中，以降低底物氨基的质子化并催化反应的进行，通常三乙胺 (TEA)、二异丙基乙胺 (DIPEA) 以及 4-(二甲氨基) 吡啶 (4-DMAP) 都是很好的选择。

对于未经活化的羧酸底物，需要经历活化过程才可以实现酰胺键的生成。直接使用 NHS 难以与羧基直接反应，通常需要在有机相中使用二环己基碳二亚胺 (DCC) 作为脱水剂来制备稳定的 NHS 或 sulfo-NHS 酯。此过程同样建议使用有机碱来抑制氨基的质子化保证充分反应。

对于水溶液中的反应，羧基的活化和偶联可以同时进行。NHS 酯或 sulfo-NHS 酯的形成可以借助 1-(3-二甲氨基丙基)-3-乙基碳二亚胺 (EDC) 来实现。EDC/NHS 方法通常需要在中性偏碱性的缓冲液中，加入数倍当量的 EDC 与 NHS，在室温下反应 30 分钟到 2 小时即可实现偶联。值得注意的是，通常 EDC 会以 EDC 盐酸盐的形式获得，在配制过程中要注意监测实验体系的 pH 并保持 pH 恒定。

表面化学修饰过程极大地简化了提纯操作，对于羧基以及固定在表面的情形，EDC/NHS 方法也可以通过两步法实现。在 pH 为 6.0, 50mmol/L 的 MES(2-(N-吗啡啉) 乙磺酸) 缓冲液中溶解 1~10mmol/L 等当量的 EDC 与 NHS，室温反应 15 到 30 分钟后，使用 MES 缓冲液清洗表面，即可获得 NHS 酯活化的表面。随后将表面在偏碱性缓冲液中与含有氨基的底物反应 30 分钟至 2 小时即可实现偶联。

NHS-PEG-NHS 与氨基的偶联。

(1) 将分子量为 5000Da 的双 NHS 酯末端的聚乙二醇 (NHS-PEG-NHS MW: 5000) 溶解在高纯度的 DMSO 中，终浓度为 1mg/mL。

(2) 将 APTES 修饰的表面在 PEG 的 DMSO 溶液中反应 1 到 2 小时。为了防止 NHS 酯的水解与 PEG 的光降解，反应容器应放置在干燥的环境中并做避光处理。

(3) 反应完成后用 DMSO 冲洗表面，使表面偶联上长链 PEG 分子并暴露出一个 NHS 酯用于下一步氨基的偶联。DMSO 属于不易挥发溶剂，氮气流除去表面的 DMSO 残留。如果下一步反应仍然在 DMSO 中进行，可不进行干燥处理直接将表面浸泡在下一步的 DMSO 反应溶液中。也可使用下一步所用的缓冲液或有机溶剂进行润洗，干燥后浸泡在下一步的反应溶液中。

2. 酸酐方法

酸酐对氨基有着很好的反应活性，反应生成酰胺的同时还可以释放一个未活化的羧基，可以作为羧酸的替代试剂与氨基偶联。戊二酸酐、丁二酸酐由于环张力会进一步增强反应活性，在生成酰胺的同时把氨基官能团转换成未活化的羧基官能团。酸酐最大的副反应是水解，释放出两个羧基，通常反应需要在有机溶剂中进行。酸酐水解与酰胺的形成都会形成额外的羧基，通常需要加入足量的三乙胺等有机碱来防止生成的羧酸对氨基的质子化。如果反应有必要在水溶液中进行，需要足够强的缓冲体系以防止反应过程中的酸化现象。

3. 氨基的封闭

在某些修饰实验过程中，为了防止未反应的氨基对后续的修饰过程乃至单分子实验造成影响，需要对未反应的氨基进行封闭。与上面氨基与羧基反应类似，反应速度快、分子量小且只具有活性羧基官能团的分子是最佳选择，例如，磺酸基琥珀酰亚胺乙酸酯和乙酸酸酐 (图 5.12)。反应体系可以在有机溶剂或缓冲液中进行，通常需要加碱来抑制质子化。在水溶液中控制 pH 约 7.5，反应一小时即可充分反应。

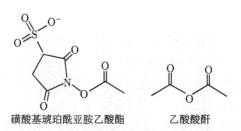

磺酸基琥珀酰亚胺乙酸酯　　　　乙酸酸酐

图 5.12　氨基的封闭试剂

4. 羧基的封闭

羧基的封闭可以选择带有氨基的小分子来实现，这里推荐乙醇胺与三羟甲基氨基甲烷 (Tris)。使用 EDC/NHS 方法在偏碱性缓冲液中溶解 100mmol/L 的乙醇胺或 Tris，反应数小时可实现对羧基的彻底封闭。

5.6.2 氨基与醛基偶联

1. 席夫碱反应与还原

氨基与醛基的反应通过席夫碱 (Schiff base) 反应实现 (图 5.13)。反应生成的席夫碱容易水解且水解能力依赖于 pH，碱性环境能显著抑制席夫碱的水解，因此反应通常需要在 pH 为 7~10 的缓冲液中进行。常见的磷酸盐、硼酸盐、碳酸盐缓冲液都可以作为反应体系。显然，带有伯胺的 Tris 缓冲液由于竞争反应不适合作为席夫碱反应的缓冲液。反应通常 1 到 2 小时即可完成。不稳定的席夫碱可以通过还原碳氮双键实现不可逆的水解抑制。通常选取氰基硼氢化钠 (NaBH₃CN) 作为还原剂，$NaBH_3CN$ 可以以粉末的形式获取，自行准备反应溶液，也可以购买溶解在 1mol/L NaOH 中的 5mol/L $NaBH_3CN$ 高浓度储存液。注意 $NaBH_3CN$ 有剧毒，同时在酸性环境中可能会分解出剧毒的氢氰酸，使用时一定要注意防护。反应完成后，加入过量的 $NaBH_3CN$ 并保持环境为碱性，反应 30 分钟即可实现对席夫碱的还原。氰基硼氢化钠的还原性比硼氢化钠稍弱，可以还原席夫碱中的碳氮双键，但不会将醛基还原为羟基，因此可以在偶联过程中同时使用。戊二醛是最为常见的氨基偶联方案，下面简单介绍一下以戊二醛为例进行的表面修饰。

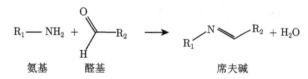

图 5.13 席夫碱反应原理

戊二醛偶联氨基。

(1) 配制 0.1%(V/V) 戊二醛溶液，通过缓冲液控制 pH 在 7~10，如 100mmol/L Na_2CO_3/NaHCO₃ 缓冲液的 pH 为 9.5。戊二醛由于具有光交联的特点，因此建议戊二醛溶液现配现用，且反应过程中注意避光。如果希望席夫碱的生成与还原同时进行，那么加入约 10 mg/mL 的 $NaBH_3CN$。

(2) APTES 修饰的表面在戊二醛溶液中反应 1 小时，用缓冲液和超纯水清洗后即可得到醛基表面。

(3) 将含有氨基的底物溶解在 pH 为 7~10 的缓冲液中，终浓度为 1~10mmol/L 或更高。如果希望席夫碱的生成与还原同时进行，那么加入约 10mg/mL 的 $NaBH_3CN$。

(4) 醛基修饰后的衬底表面浸泡在底物溶液中反应 1 小时，随后用相应的缓冲液清洗衬底即可完成底物的偶联操作。

(5) 如果之前的操作没有使用 $NaBH_3CN$，配制 10 mg/mL 的 $NaBH_3CN$ 缓

冲液，pH 在 8.0 以上，将偶联好的表面在溶液中反应 30 分钟即可实现对席夫碱的还原。

2. 带保护醛基与氨基反应

苯甲醛的醛基可以通过二甲基缩醛的形式对醛基进行掩蔽，掩蔽的醛基无氨基反应活性。可以在适当的时候通过脱去保护基团来暴露出醛基与氨基偶联。例如，一端为 NHS 酯，另一端为苯甲醛二甲基缩醛的 PEG，在和 APTES 修饰的表面反应时，只有 NHS 酯有氨基反应活性，NHS 酯一端会特异性地与 APTES 上的氨基连接将 PEG 连接在表面上，并暴露出苯甲醛二甲基缩醛[49,51]。使用 1% (m/V[①]) 柠檬酸水溶液处理 10 分钟即可脱去保护基团，暴露出新鲜的醛基用于席夫碱反应 (图 5.14)。

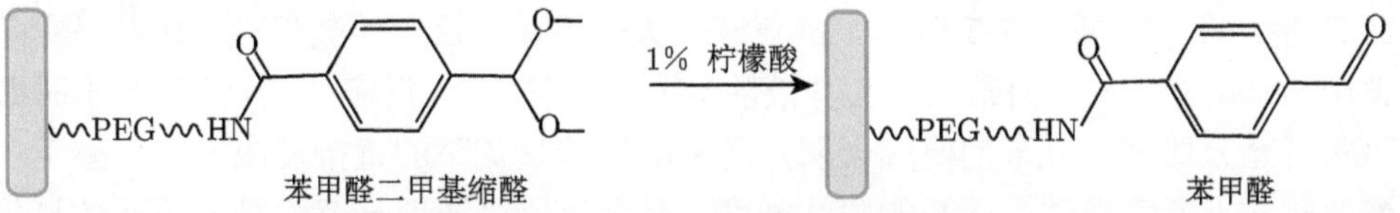

图 5.14　苯甲醛二甲基缩醛生成乙醛

3. 醛基的封闭

醛基的封闭可以选择带有氨基的小分子来实现，这里推荐乙醇胺与 Tris (图 5.15)。配制 100mmol/L 的乙醇胺缓冲液，pH 在 8.0 以上，加入 10mg/mL 的 $NaBH_3CN$。或直接配制 100mmol/L 的 Tris 缓冲液，pH 为 8.0，加入 10mg/mL 的 $NaBH_3CN$。上述溶液反应 15 分钟即可实现对醛基的有效封闭。

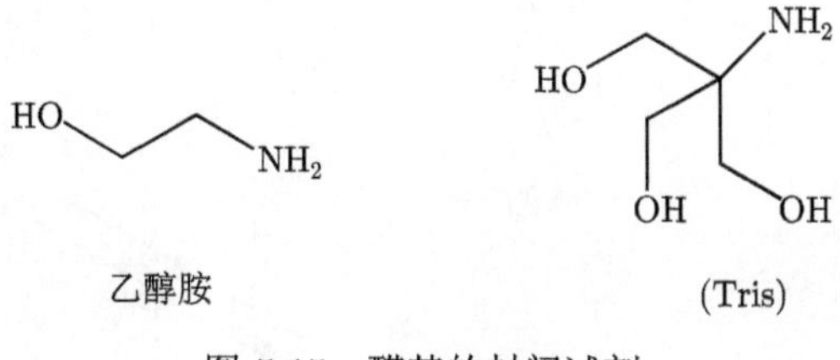

图 5.15　醛基的封闭试剂

5.6.3　巯基与双键偶联

巯基与双键可以通过迈克尔加成反应实现偶联，根据双键紧邻官能团的不同，反应活性有很大差异，常见的偶联体系中，反应活性最高的是马来酰亚胺类衍生物，其次是乙烯基砜类衍生物，反应活性相对较弱的为丙烯酸、丙烯酰胺类衍生物，活性最低的为一般双键[52]。

---

① m/V 代表质量体积比。

1. 巯基与马来酰亚胺反应

巯基与马来酰亚胺反应可以说是目前使用最广泛的巯基–双键偶联反应。该偶联方法反应条件温和,室温下即可发生,可以兼容水溶液和多种有机溶剂,如DMSO、DMF、氯仿等。马来酰亚胺与巯基反应极其充分且迅速,pH 为 7.4 时几分钟即可完成 50% 的反应。马来酰亚胺与巯基的反应速率极其依赖溶液的 pH,pH 为 8.6 时少于 30s 的时间即可达到反应程度的 50%,当 pH 下降到 5.5 时,需要几十分钟甚至一个小时以上才能完成反应的 50%[53]。此外,马来酰亚胺会自发水解,其水解产物所携带的双键无法直接与巯基反应。马来酰亚胺的水解也依赖于 pH,随着 pH 的增加,水解速率显著增加,当 pH 为 8.6 时,水解半衰期只有几十分钟[53](图 5.16)。此外,pH 同样会实现马来酰亚胺对巯基与氨基反应的选择性,pH 为 7.0 时,马来酰亚胺与巯基的反应速率是与氨基反应速率的1000 倍,在 pH 高于 7.5 时马来酰亚胺会失去对巯基反应的选择性。因此,实际使用马来酰亚胺时,通常控制缓冲液的 pH 在 6.5~7.5,反应 30 分钟到 2 小时即可实现充分偶联。近来的研究表明,马来酰亚胺与巯基的直接反应产物硫醚丁二酰亚胺并不能够提供足够高的力学强度,甚至可以可逆地分解成马来酰亚胺与巯基[17]。好在硫醚丁二酰亚胺也可通过水解稳定巯基双键的连接,通过施加适当的应力[17]、提升 pH、设计合理的与马来酰亚胺连接的基团 (如改变烷基为芳环)[53]、马来酰亚胺附近的电荷 (如氨基的存在)[54] 都可以加快偶联产物的水解。水解后的产物无法再分解为巯基与双键,同时有着足够的力学强度用于单分子力学研究[17]。

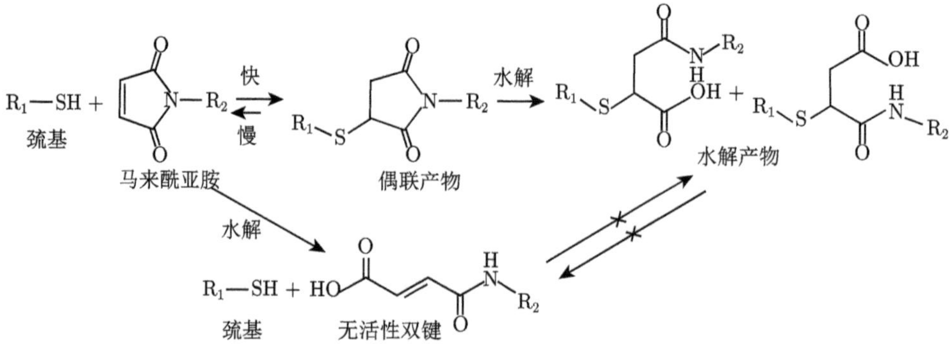

图 5.16　马来酰亚胺的水解。马来酰亚胺与巯基反应的偶联产物可以通过水解生成不可逆的偶联体系,而且水解后的产物有着很高的力学强度。马来酰亚胺本身也可以水解,水解后的产物无法与巯基直接反应

含有马来酰亚胺与 NHS 酯的双官能团分子,如 SMCC 和 Maleimide-PEG-NHS,经常使用 DMSO 等非水溶剂进行反应,以防止马来酰亚胺和 NHS 酯的

水解。在碱性环境中，NHS 酯会快速水解，而马来酰亚胺也会较为缓慢水解。在酸性环境中，会极大地限制两反应的速率。如果有必要将类似的双官能团分子在缓冲液中使用，需要对二者的反应速率、水解速率与反应特异性的选择进行平衡，pH 通常需要控制在 7.2~7.5。设计实验时，通常马来酰亚胺和巯基的偶联优先进行，或马来酰亚胺和巯基偶联、NHS 酯和氨基偶联同时进行。

Maleimide-PEG-NHS 与 MPTMS 修饰表明的偶联：

(1) 将马来酰亚胺和 NHS 酯末端的聚乙二醇 (Maleimide-PEG-NHS, $M_W = 5000Da$) 溶解在高纯度 DMSO 中，终浓度为 1mg/mL。

(2) 将 MPTMS 修饰的表面在 PEG 的 DMSO 溶液中浸泡 1 到 2 小时。为了防止 NHS 酯的水解与 PEG 的光降解，反应容器应放置在干燥的环境中并做避光处理。

(3) 反应完成后用 DMSO 冲洗表面，使表面偶联上长链 PEG 分子并暴露出一个 NHS 酯用于下一步氨基的偶联。

2. 巯基与乙烯基砜衍生物反应

乙烯基砜衍生物也是一种常用的与巯基的偶联剂。乙烯基砜可以在中性水溶液中实现与巯基的快速偶联，在弱碱性环境中通常几分钟到几十分钟即可达到 50% 反应进度，而且随着 pH 的升高，反应速度会迅速提升[37]。乙烯基砜与巯基在弱碱性环境中偶联可以形成稳定单一异构体，产物不会分解或进一步水解。乙烯基砜在水溶液中也不会发生水解反应，是一种良好的偶联体系 (图 5.17)。乙烯基砜在高 pH 下会失去对巯基的选择性，和氨基与羟基发生反应，通常在 pH 高于 9.3 时可以检测到显著的乙烯基砜与氨基的偶联，这在氨基与巯基共存的体系中需要格外注意。

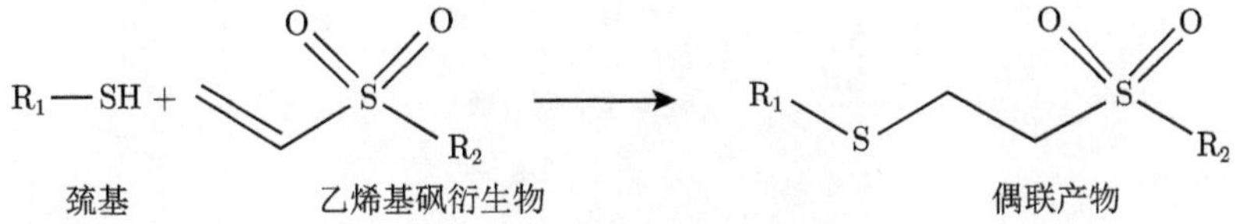

图 5.17 巯基与乙烯基砜的反应

3. 巯基与一般双键反应

巯基与一般双键的加成反应有两种机理，一种是通过产生硫自由基之后，由自由基诱发加成反应，另一种是通过碱催化或亲核试剂催化之后形成硫负离子发生加成反应。自由基加成通常由紫外光照与光引发剂诱导产生，如二苯甲酮[55]，然而这种方法在某些情形下并不适用：例如将含有双键的分子修饰到带有巯基的表面时，由于双键本身也可以被光或自由基引发剂催化发生自聚合反应，这将导致反应产物不可控，因此并不适合用于单分子研究。另一种碱催化剂的方法，例如使用乙二胺作为碱催化剂可以实现丙烯酸酯偶联在巯基功能化的表面上 [56]。

4. 二硫键的还原

许多含有巯基的试剂是以二硫键形成二聚体的形式存在的，蛋白质暴露的巯基也会自发地形成二硫键导致蛋白形成二聚体，或者试剂由于存储条件与反应体系未进行良好的除氧等原因氧化形成了二硫键。二硫键无法直接与上述提到的双键试剂进行之间偶联，需要对二硫键进行还原生成巯基。常见的还原剂有 β-巯基乙醇、二硫苏糖醇 (DTT)、还原型谷胱甘肽 (GSH) 以及三 (2-羧乙基) 膦 (TCEP) 等。这些还原剂有着广域的 pH 适用性，可以在多种缓冲液中对二硫键进行还原，对常用变性剂、表面活性剂以及高盐浓度环境也有很好的耐受性。对于 β-巯基乙醇、DTT 与 GSH，这些还原剂本身含有巯基，因此在偶联反应之前一定要通过某种方法除去。TCEP 是一种酸，高浓度会改变其 pH 影响偶联效率，但 TCEP 本身不含巯基，在低浓度下不影响巯基与双键的偶联，在使用过程中可以选择不除去 TCEP(图 5.18)。

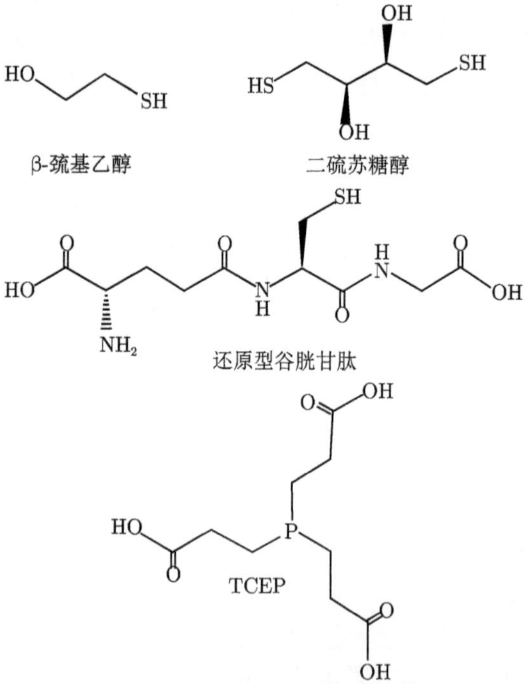

图 5.18　几种常见的巯基还原剂

5. 巯基的封闭

巯基的封闭可以选择小分子量的马来酰亚胺进行，如 N-乙基马来酰亚胺 (图 5.19)。按照前面的表述，使用磷酸盐缓冲液将 pH 控制在 7.2。反应 1 到 2 小时即可实现对巯基的完全封闭。

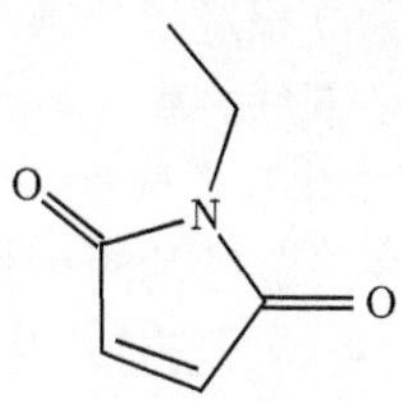

N-乙基马来酰亚胺

图 5.19 巯基封闭试剂

5.6.4 环氧乙烷衍生物的选择性偶联

环氧乙烷衍生物可以在不同的反应条件下，选择性地与巯基、氨基以及羟基进行偶联。目前已经有类似于 GPTMS 的硅烷化试剂、具有环氧乙烷基团的双官能团的小分子和长链分子，可以用于表面修饰和化学偶联。在中性偏碱的环境中，通常 pH 为 $7.5 \sim 8.5$，环氧乙烷即可通过开环与巯基偶联。对于氨基，需要适当升高 pH，当 pH 为 9.0 左右时，可以实现开环偶联。羟基强碱性的环境中同样可以实现环氧乙烷的开环偶联，通常 pH 要升高到 $11 \sim 12$。通常需要反应几小时到 20 小时，对于热稳定的反应体系，可以适当加热到 $45 \sim 60{}^{\circ}\mathrm{C}$ 以加快反应速率 (图 5.20)。需要特别注意的是，高 pH 条件下，相对较低 pH 条件的偶联仍然发生。因此在体系中同时出现巯基、氨基和羟基时，需要格外注意反应条件的控制。环氧乙烷衍生物主要的副反应是开环水解，这一反应通常在酸性条件下发生。使用 GPTMS 修饰衬底之后，可以用高碘酸钠处理表面，环氧乙烷氧化后会暴露出一个醛基，用于醛基的化学偶联。

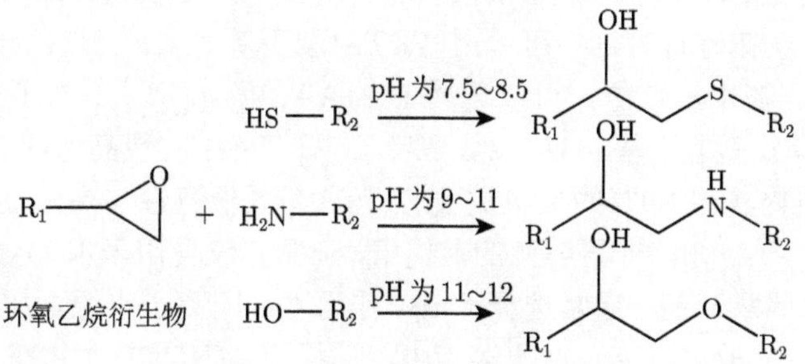

图 5.20 环氧乙烷在不同条件下与巯基、氨基和羟基的选择性偶联

5.6.5　点击化学

点击化学 (click chemistry) 是 2001 年由诺贝尔化学奖得主 Sharpless 提出的一个高效合成理念 [57]，即在温和的条件下，能适应各种有机溶剂和水溶液，以近乎定量的比例发生反应，且无副反应的发生。2002 年，Fokin 和 Sharpless 研究组 [58] 与 Meldal 研究组 [59] 独立报道了炔基与叠氮基团在 Cu(I) 离子的催化下，以近乎定量的反应程度实现了偶联。基于 Cu(I) 催化的叠氮基–炔基环加成反应 (CuAAC) 是目前最常用的点击化学反应之一。叠氮基与炔基通过加热即可以实现环加成反应，产物为 1，2，3-三氮唑的两种异构体，分别为 1，4-二取代异构和 1，5-二取代异构。CuAAC 过程特异性地产生单一的 1，4-二取代-1，2，3-三氮唑 (图 5.21)。CuAAC 反应几乎可以适用于多种有机溶剂和水溶液，通常无须加热，反应充分且无副反应，同时叠氮基和炔基两个官能团在反应体系中的正交性和选择性非常好，是进行表面修饰和化学偶联的理想反应。

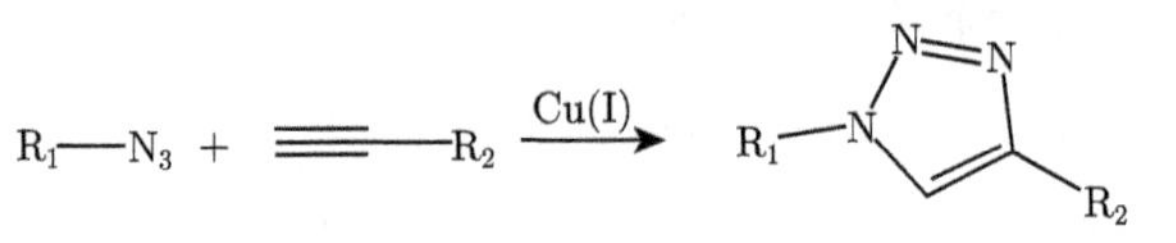

$$R_1-N_3 + \equiv\!-R_2 \xrightarrow{Cu(I)} \ \ R_1-\text{三氮唑}-R_2$$

叠氮基　　　　炔基　　　　　　　　　　1，4-二取代-1，2，3-三氮唑

图 5.21　Cu(I) 催化叠氮基–炔基环加成反应 (CuAAC)

反应的关键是催化剂的获取，Cu(I) 离子可以通过还原 $CuSO_4$ 获得，常用的还原剂有抗坏血酸钠、TCEP、联胺等。然而，通过还原方法获得的 Cu(I) 离子难以控制，Cu(I) 的歧化反应会导致显著沉淀的产生，纳米级的沉淀会不可逆地吸附在需要修饰的表面，难以除去，因此不适合用于单分子级的表面修饰。含有 Cu(I) 的铜盐是更好的选择，如 CuI 和 CuBr[60]，一些带有配体的一价铜盐也可以作为 Cu(I) 离子的来源，如 $CuBr(PPh_3)_3^{[61]}$ 和 $[Cu(NCCH_3)_4][PF_6]^{[62]}$。为了稳定 Cu(I) 离子，通常可以选择加入 DIPEA、TEA 或 PMDETA(五甲基二乙烯三胺) 等碱性配体来稳定 Cu(I) 离子。在水溶液和有机溶剂中，可以通过加入加速配体来加快反应的进行。在有机溶剂中可以用 TBTA(叔丁基 2,2,2-三氯乙酸亚胺酯) 作为加速配体 [63]。在水溶液中，可以选择 BTTAA(2-[4-({双 [(1-叔丁基-1H-1,2,3-三唑-4-基) 甲基] 氨基} 甲基)-1H-1,2,3-三唑-1-基] 乙酸) 实现高速的偶联，BTTAA 可以在 1 小时内实现 80% 的反应进度，BTTAA 的低毒性与高效性被应用于活细胞的标记实验 [64]。在保证溶解性的前提下，通常建议使用无水 DMF 作为溶液进行有机体系的偶联溶剂，通常选择 CuBr 作为 Cu(I) 离子来源，加入 2 倍当量的 PMDETA，反应放置过夜。在水溶液中，选择 $[Cu(NCCH_3)_4][PF_6]$ 或 CuBr 作为 Cu(I) 的来源，加入 2 倍当量的 BTTAA 反应 2 小时即可，如果可能将反应

放置过夜。

无催化剂的点击化学反应，因为反应迅速、无须催化剂可以实现操作更为简洁的偶联。炔基为线性分子，而环辛炔由于环张力导致炔基有着更高的反应性，可以在不加热无催化剂的条件下直接与叠氮基偶联形成 1，2，3-三氮唑 (图 5.22)。为了进一步增加环的刚性来提升环的张力，在环辛炔的两侧增加了两个苯环，成为二苯并环辛炔，有着更高的反应活性。目前氮杂二苯并环辛炔衍生物是最为常用的一种偶联试剂 [65]，其反应活性高，稳定性好，氮杂端的引入可以连接诸如氨基、羧基等多种活性官能团用于表面修饰。

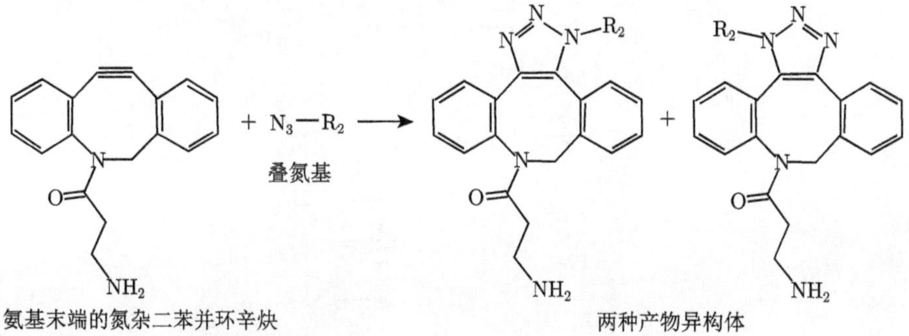

图 5.22 叠氮与氮杂二苯并环辛炔直接发生点击化学反应

5.6.6 Staudinger 偶联反应

Staudinger 反应由诺贝尔化学奖得主 Staudinger 于 1919 年发现 [66,67]、(图 5.23)。该反应通过叠氮基衍生物和三苯基膦衍生物进行偶联，叠氮与三苯基膦形成膦亚胺并释放一个氮气分子实现偶联 (图 5.24)。然而膦亚胺对水十分敏感，会迅速水解形成氧化三苯基膦和氨基从而导致偶联的断裂。Bertozzi 用含二苯基膦基的苯甲酸甲酯衍生物代替三苯基膦发生 Staudinger 偶联反应 [67]，氮气与三苯基膦中心反应生成了膦亚胺中间体，苯环上邻位的酯基作为一个 "亲电子阱" 用以捕获亲质子中间体。捕获后的中间体水解时不再发生断裂，而是通过水解快速重排形成酰胺实现偶联。Staudinger 偶联反应在水溶液中同样具有良好的反应活性，可以高效、高选择性地与生物大分子实现偶联 [68,69]。基于 Staudinger 偶联体系，可以设计更为灵活的大分子力学实验，通过将高分子聚合单元以 Staudinger 偶联在衬底上，可以进行原位的 RAFT(可逆加成–断裂链转移聚合) 高分子聚合生长以研究特定高分子的疏水特性，这一方案在很大程度上解决了高分子聚合物特异性末端修饰的难题 [14]。

在理解了 Staudinger 反应的机理后，新的二苯基膦衍生物通过设计非苯环的 "亲电子阱"，实现在捕获膦亚胺中间体水解后，脱去氧化二苯基膦衍生物实现酰胺的直接偶联。这一偶联策略称为无痕迹的 Staudinger 偶联反应 (traceless Staudinger ligation)[70] (图 5.25)。基于这样的反应,可以直接将带有叠氮基团的多肽以酰胺键的形式直接偶联在表面上 [69],完成修饰之后整个体系中无 Staudinger 试剂的相关衍生物,降低了研究体系的复杂度,对生物大分子体系也更加友好。

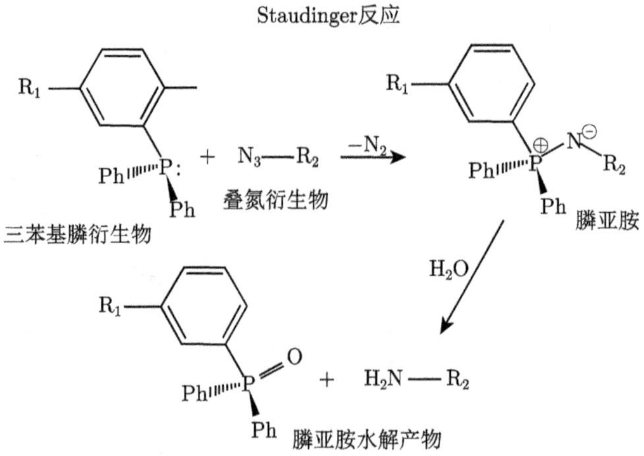

图 5.23　Staudinger 反应原理

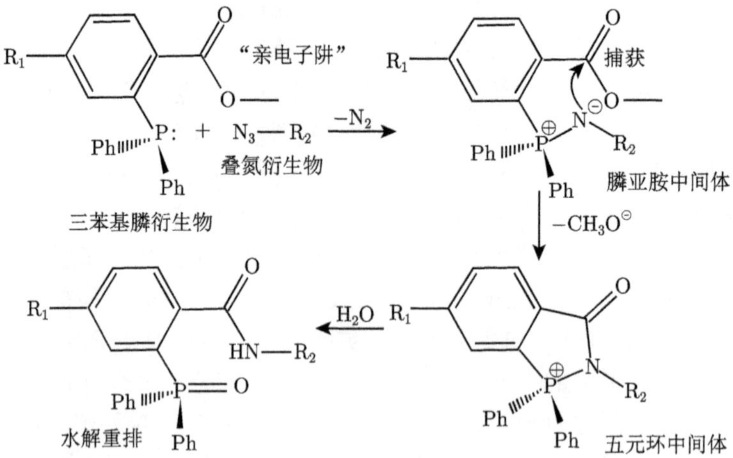

图 5.24　Staudinger 偶联反应

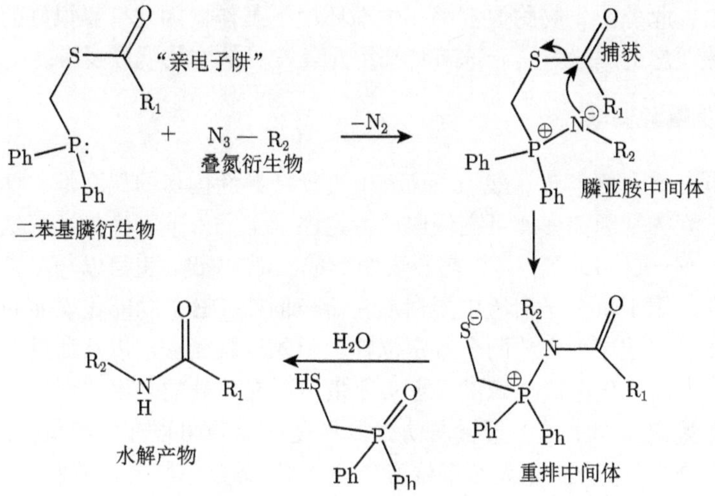

图 5.25 无痕 Staudinger 偶联反应

5.7 基于蛋白质的生物偶联反应

如何跨越有机化学和生物学的壁垒，实现生物大分子和有机分子的高效、特异性偶联是进行生物化学领域单分子力谱研究必须面对的问题。在生物大分子的特定位置上进行偶联，可以在单分子力谱研究时，精确地控制研究体系的几何关系，在特定的施力方向上来研究动力学特征。这对单分子力学的研究十分重要，不同的拉伸方向会显著影响蛋白质结构域、配体–受体相互作用的力学响应 [7,71,72]。在蛋白质研究中，与非特异性的偶联 (如物理黏附) 或基于共价键的随机偶联 (例如，使用活化的羧基与蛋白表面的氨基随机偶联) 相比，特异性的偶联位点控制可以获取更多有用的力曲线 [73]。此外，基于特异性的偶联方法，可以通过 PEG 等对表面进行更严密的抗黏附处理，使得只有特定活性的目的蛋白才可以通过共价键连接在探针或者衬底上，其他杂蛋白、变性蛋白等杂质不会吸附到表面上，进一步提升了单分子实验的精确度、可靠性与产出效率。有的蛋白质-蛋白质非共价相互作用已经可以达到数百皮牛的强度，并且拉伸导致的解离也是可逆的，可以通过在探针与衬底上设计此类蛋白质的结合实现特定位点拉伸实验，由于结合的特异性，有效力曲线的获取会变得十分高效 [5,74]。

通过对生物大分子的合适设计可以实现特定位点的化学偶联，如在蛋白质特定位点上引入半胱氨酸实现巯基的引入，通过巯基–双键反应偶联，或在蛋白质中引入非天然氨基酸通过特异性化学反应进行偶联。借助生物酶方法进行偶联是近些年来生物大分子单分子力谱研究的新兴手段。生物酶介导的偶联方法与常规化学偶联方法相比，反应迅速且充分，并且有着极高的选择性，只与特定的结构发生高效偶联。此外，生物酶通常都在生理环境下工作，因此有着很好的生物相容性，是一种理想的偶联方法。本节将介绍几类常见的生物偶联反应。

5.7.1　半胱氨酸偶联

通过蛋白质上的半胱氨酸 (cysteine) 进行特异性位点的偶联是一种简单的方案。通过常规的基因突变即可在蛋白质特定序列上插入或替换为半胱氨酸。半胱氨酸的侧链有一自由巯基，可以与金表面形成 Au—S 键，也可以与马来酰亚胺反应实现偶联，用于单分子实验中蛋白质在金表面或 PEG 功能化表面的特异性固定。通过在蛋白质序列中的两个特定位置上引入半胱氨酸，以及通过双马来酰亚胺小分子 [75] 或氧化形成二硫键 [76] 实现蛋白质在体外的多聚体偶联，并基于此可以实现在特定方向上的多聚蛋白动力学研究 [7]。也可以在多聚蛋白的 N 端或 C 端引入一个半胱氨酸，使整个多聚蛋白的 N 端或 C 端特异性偶联在衬底上。N 端、C 端和蛋白质序列中的半胱氨酸插入或替换均可以通过人工突变进行。特别的，若需要将蛋白质 C 端的最后一个氨基酸设置为半胱氨酸的，只需要在基因序列的终止密码子之前插入或替换为半胱氨酸的密码子即可，蛋白表达时，翻译完成 C 端的半胱氨酸后即停止翻译。然而，我们知道，蛋白质的翻译起始始终为甲硫氨酸，且通常在甲硫氨酸之后会设置用以辅助蛋白质折叠或用以蛋白质纯化的标签，如硫氧还蛋白标签和组氨酸标签，这些都限制了我们在目标多聚蛋白的 N 端设置一个半胱氨酸。这时需要蛋白酶将半胱氨酸之前的序列全切除，以在 N 端暴露半胱氨酸。下面简单介绍 TEV 酶策略和小分子泛素样修饰蛋白标签 (SUMO tag) 策略在 N 端生成半胱氨酸。

烟草蚀纹病毒蛋白酶 (tobacco etch virus protease, TEV 酶) 用于识别并切割 TEV 标签 ENLYFQG 或 ENLYFQS。TEV 酶将打开 TEV 标签上谷氨酰胺与甘氨酸或丝氨酸之间的肽键，重新形成对应的羧基与氨基，被广泛地用于清除蛋白质所携带的蛋白标签 [15]。最近有研究表明，将甘氨酸或丝氨酸替换为半胱氨酸，TEV 酶仍会打开谷氨酰胺与半胱氨酸之间的肽键，并具有很好的酶切活性 [77]。该酶切方法可以用来实现多聚蛋白 N 末端半胱氨酸、甘氨酸或丝氨酸的暴露 (图 5.26)。TEV 酶可以通过标准的大肠杆菌表达体系进行表达，很好地降低了应用成本。当然，TEV 酶本身在选择时需要注意，为了增强 TEV 酶的溶解性和稳定性，目前有几种 TEV 酶可供选择。一种是通过 TEV 酶本身增加助溶标签，如麦芽糖结合蛋白 (MBP)，这类标签有着很大的空间位阻，如果 TEV 标签距离多聚蛋白太近，可能导致酶切效率下降甚至无法酶切。有些 TEV 酶表达完成后会除去助溶标签，这类酶受空间位阻效应影响小，活性高，但是不易长期储存。另一种是 TEV 酶通过突变降低了酶切效率，但是增加了自身的稳定性。后两种都更适合在单分子力谱实验中使用。

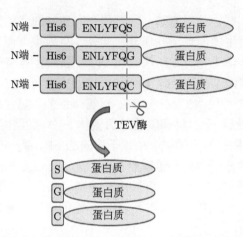

图 5.26 使用 TEV 酶除去组氨酸标签并在蛋白质 N 端暴露出甘氨酸、丝氨酸或半胱氨酸

SUMO 融合表达系统对于构建 N 端特定氨基酸有着更强大的功能，与大多数识别特定氨基酸序列进行酶切不同，SUMO 蛋白酶识别的是 SUMO 标签的三级结构实现切割，将 SUMO 标签完全清除，并暴露 SUMO 标签紧邻的第一个氨基酸。SUMO 蛋白酶对 SUMO 标签紧邻的氨基酸几乎无选择性，研究表明 [78]，SUMO 标签紧邻的氨基酸，除去脯氨酸以外，其他 19 种氨基酸均可以实现 SUMO 标签的有效切割。SUMO 酶有着很好的 pH、温度等环境条件的耐受性 [78]。SUMO 酶可以在 pH 为 6~10 时进行有效切割，在 pH 为 8~9 时有着高的切割活性，20 分钟即可完成切割。SUMO 酶在 4℃ 下可以快速有效的切割，25 分钟即可完成，当温度升高到 22~37℃ 时在几分钟即可完成切割。此外，SUMO 酶对于离子强度、表面活性剂、变性剂、还原剂等均有一定的耐受性。SUMO 酶本身需要在酵母菌中重组表达，SUMO 标签融合蛋白可以按照标准的大肠杆菌表达体系进行表达，并可以增强融合蛋白的水溶性 [79]。

5.7.2 组氨酸标签

组氨酸标签 (His6 tag) 是连续重复的 6 个组氨酸，根据不同的需要可以设计成 5 到 10 个连续的重复组氨酸。组氨酸标签通常在蛋白质的 N 端或 C 端融合表达，并通过金属离子亲和柱进行蛋白质纯化。组氨酸标签适用于包括大肠杆菌在内的多种表达系统，是蛋白表达与纯化的常用方法。重组的组氨酸标签可以用于蛋白质的 N 端或 C 端的特异性偶联。组氨酸侧链的咪唑环是良好的金属离子配体，可以和 Co^{2+}、Zn^{2+}、Cu^{2+}、Ni^{2+} 等多种二价金属离子形成配合物。次氮基三乙酸 (NTA) 衍生物最多可以形成 4 个配位键，在螯合 Ni^{2+} 等离子后，剩余的配位数可以与组氨酸标签上的咪唑环形成配位键实现偶联。NTA 的衍生物具有三个羧基，因此在选用含有氨基作为偶联官能团的 NTA 时要格外注意，一般选用氨基与醛基的偶联，使用氨基与羧基偶联时羧基的活化须与偶联反应分开进行，以防止 NTA 衍生物的自交联现象。此外，目前也有商业化的 NTA 硅氧烷衍生物、NTA-PEG 衍生物可以购买。将 NTA 偶联在衬底或探针表面之后，通常使用 10mmol/L NiCl$_2$ 溶液处理 10 分钟，清洗掉多余的 Ni^{2+} 后即可螯合带有组氨酸标签的蛋白[80,81]。NTA-Ni^{2+}-His 标签体系多个配位键可以提供几百皮牛的力学强度[82]，可以用于力学强度较低的受体-配体相互作用与蛋白质解折叠研究。NTA-Ni^{2+}-His 标签的力学强度依赖于溶液的 pH，高 pH 有利于增强该偶联体系的强度，通常单分子力谱实验需要在 pH 为 7.4 或更高的 pH 下进行。给探针修饰上 NTA 并用 Ni^{2+} 处理，可以用于识别衬底表面[83] 甚至细胞表面带有 His 标签的蛋白[84]，或利用 NTA-Ni^{2+}-His 标签的结合拉伸蛋白研究蛋白质解折叠动力学[85]（图 5.27）。

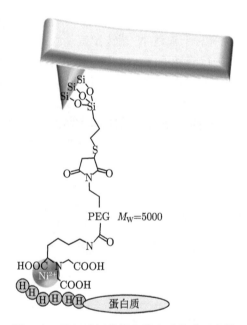

图 5.27 组氨酸标签固定蛋白质策略示意图

5.7.3 Sortase A 连接 LPXTG 标签与 GGG 标签

肽转移酶 (sortase A) 来自金黄色葡萄球菌，可以特异性识别序列 LPXTG，X 可以是任何氨基酸，除去半胱氨酸与色氨酸未见测试以外，其他氨基酸都有活性[86]，LPXTG 作为 sortase A 作用的天然序列有着良好的活性，最近的研究表明选择合适的残基 X 可以更好地增强 sortase A 的反应效率。sortase A 将甘氨酸切除后的 LPXT 与 N 端具有多个甘氨酸的蛋白质相连形成 LPXT-(G)$_n$，连续甘氨酸的数目通常为 1 到 5 个，一般情况下三个连续的甘氨酸 (GGG) 即可实现良好的偶联。sortase A 通过 184 位半胱氨酸的巯基将 LPXTG 序列 C 端甘氨酸切除并与苏氨酸的羧基形成硫酯键，N 端直接暴露的 GGG 作为亲核试剂进攻硫酯键切除 sortase 并形成 LPXTGGG 偶联。传统的 sortase A 效率很低，经过一系列的突变筛选后获得具有五个突变位点的 sortase A 5M (mutation)，提升了140 倍的反应速率，并且可以在 4℃ 下实现良好的偶联 [68]。sortase A 5M 与野生型仍需要在较高浓度的 Ca²⁺ 环境中才能正常行使功能，这无疑限制了 sortase A 的使用场景，具有七个突变位点的 sortase A 7M 不需要 Ca²⁺ 即可高效地进行偶联 [89]，后续，在 sortase A 7M 基础上增加了三个突变位点的 sortase A 7+ 有着更高的反应活性 [90]。尽管 sortase A 识别的序列为 LPXTG，且只要没有空间位阻，该序列可以位于多聚蛋白序列的任何位置，但是 LPXTG 后至少需要一个额外的氨基酸帮助 sortase A 结合序列，即 LPXTGY，该氨基酸是任意的，例如甘氨酸，但是是必需的，缺少该氨基酸将导致无法偶联 [91]。值得指出的是，LPXTG标签与 GGG 标签通过 sortase A 偶联后的氨基酸序列为 LPXTGGG，该序列同样会被 sortase A 识别，因此对于 N 端带有 GGG 标签的蛋白底物需要有较高的浓度，通常需要数倍甚至十倍于 LPXTG 标签和 sortase A 的浓度，以抑制逆反应的发生。利用 sortase A 体系可以直接将融合蛋白偶联在表面 [18,92,93]，或者在体外构建数目可控的多聚蛋白 [94,95]，并进行单分子力谱实验。使用 sortase A 系统也可将诸如叠氮、炔基等非天然官能团引入蛋白质的 N 端或者 C 端，并进一步通过点击化学反应实现蛋白质偶联或表面固定 [96]。图 5.28 为 sortase A 连接LPXTG 标签与 GGG 标签。

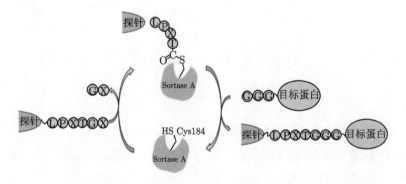

图 5.28　sortase A 连接 LPXTG 标签与 GGG 标签

sortase A、LPXTG 标签融合蛋白以及 GGG 标签融合蛋白均可通过标准大肠杆菌表达体系获得。N 端 GGG 标签的暴露可以通过 5.7.1 节所述的 TEV 酶策略或 SUMO 标签策略实现。

5.7.4　OaAEP₁ 连接 NGL 标签与 GL 标签

天冬酰胺基内肽酶 (OaAEP₁) 是从植物 *Oldenlandia affinis* 中发现的，OaAEP₁ 可识别蛋白 C 端的 NGL 氨基酸序列，切割天冬酰胺和甘氨酸之间的键，以清除 GL 序列，并连接到 N 端带有 GL 标签的蛋白上 [97]。经过改造的 OaAEP₁(C247A) 是一种高效、可靠的酶，室温下中性环境中，零点几微摩尔每升的酶只需 30 分钟即可将蛋白或多肽 N 端的 GL 标签与 C 端的 NGL 标签相连 [98]。最近的研究表明，OaAEP₁ 对环境的耐受力非常强，当 pH 为 4~7 时可实现良好的偶联反应，对除 Hg^{2+} 以外的多种重金属离子都有很好的耐受性，可用于金属蛋白等有挑战性的蛋白质偶联 [5]。与 sortase A 体系相比，OaAEP₁ 体系所识别的序列更短，可以耐受多种金属离子，反应更加快捷，且反应更倾向于偶联方向。OaAEP₁ 体系同样可以通过标准的大肠杆菌表达体系获得，N 端 GL 的标签的暴露可以通过 5.7.1 节所述的 TEV 酶策略或 SUMO 标签策略实现。然而，OaAEP₁ 在表达之后需要在 pH 为 4 左右进行活化才能具有酶活性，通常需要在室温或 37℃ 下活化 3 到 16 小时 [98]。基于 OaAEP₁ 体系可以实现良好的蛋白质表面偶联 [99] 与体外构建数目可控的多聚蛋白 [5] 等应用。图 5.29 为 OaAEP₁ 连接 NGL 标签与 GL 标签。

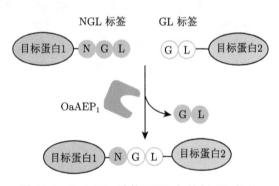

图 5.29　OaAEP₁ 连接 NGL 标签与 GL 标签

5.7.5　SFP 连接 ybbR 标签与辅酶 A

ybbR 标签 (DSLEFIASKLA)，源自枯草芽孢杆菌，可以被 4′-磷酸泛酰巯基乙胺基转移酶 (4′-phosphopantetheinyl transferase, SFP) 所识别。SFP 通过 ybbR 标签上的丝氨酸与辅酶 A(coenzyme A, CoA) 偶联 [100]。SFP 的催化偶联所需环境十分温和，pH 为 7~8 即可发生反应，当 pH 为 7.5 时，室温到 37℃ 反应 1 到 5 小时即可实现 ybbR 与 CoA 的充分连接 [101]。ybbR 标签不仅可以设置在蛋白质的 N 端或 C 端，甚至可以插入蛋白质的柔性链中实现偶联 [100]。SFP 蛋白与 ybbR 融合蛋白均可通过标准的大肠杆菌表达体系获取。CoA 的末端自带一个巯基，可以通过 Maleimide-PEG-NHS 或 SMCC 偶联到氨基功能化的衬底上 (图 5.30)。带有 ybbR 标签的目的蛋白就可以在 SFP 蛋白的催化下实现与 CoA 的偶联 [10,102,103] (图 5.31)。

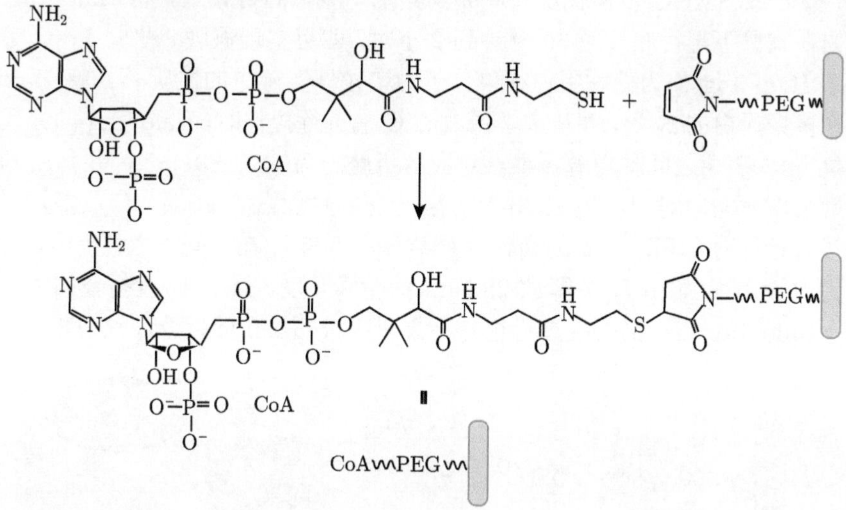

图 5.30　辅酶 A(CoA) 天然带有巯基，通过马来酰亚胺 PEG 偶联在表面上

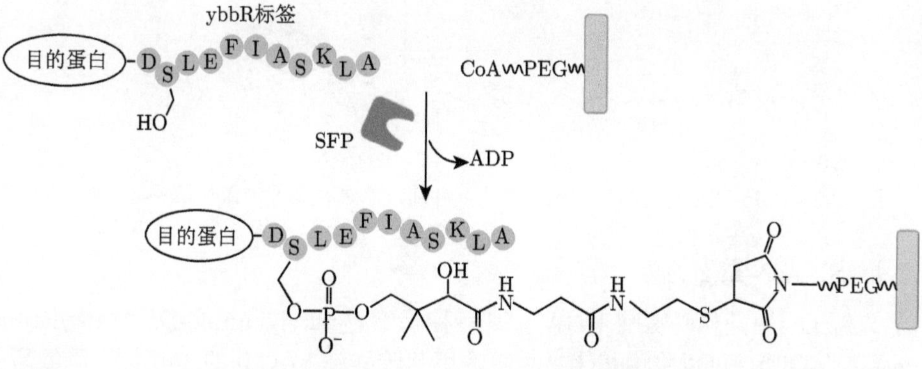

图 5.31　连有 ybbR 标签的目的蛋白在 SFP 蛋白催化下与表面上的辅酶 A(CoA) 偶联

5.7.6　Halo-Tag 方法

红球菌属的卤代烷烃脱卤素酶 (DhaA) 是细菌的一种水解酶，会水解卤代烷烃生成对应的醇。当卤代烷烃进入酶的催化中心时，会脱去卤原子并与 106 位的天冬氨酸形成酯键中间体，随即催化中心附近的 272 位组氨酸会诱导水分子水解酯键中间体，生成的醇被释放。通过将 272 位的组氨酸突变为苯丙氨酸，水解过程不会被激活，永久地停在了酯键中间体的状态，实现了卤代烷烃与蛋白的偶联。在 H272F

突变体的基础上，进一步改造提升反应效率，就得到了目前常用的 Halo-Tag[104]。
Halo-Tag 的融合蛋白可以通过标准的大肠杆菌表达体系获取。卤代烷烃通常选择
具有长碳链的卤代烷烃衍生物，如 Cl-$(CH_2)_6$-$(PEG)_4$-SH，可以通过 NHS-PEG-
Maleimide 或 SMCC 将卤代烷烃偶联到氨基功能化的衬底上。将 Halo-Tag 的融
合蛋白在室温下与衬底反应 30 分钟到 2 小时，即可实现偶联 [6,105]。Popa 等详细
研究了 Halo-Tag 作为偶联蛋白在单分子力谱拉伸实验中的性质 [6]。将 Halo-Tag
融合在多聚蛋白的 N 端，并从多聚蛋白的 C 端进行拉伸时，Halo-Tag 的卤代烷烃
结合位点与 C 端之间受力解折叠，对应解折叠力为 (131 ± 31)pN，并释放 66 nm
的轮廓长度。与之对应，将 Halo-Tag 融合在多聚蛋白的 C 端，当从多聚蛋白的
N 端进行拉伸时，Halo-Tag 的卤代烷烃结合位点与 N 端之间受力解折叠，对应解
折叠力为 (491 ± 129)pN，并释放 26.5nm 的轮廓长度。解折叠/重折叠的力钳实验
表明，Halo-Tag 自身的折叠过程也并不会影响目的蛋白的折叠过程 (图 5.32)。

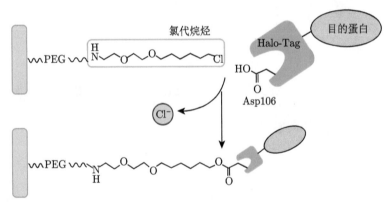

图 5.32　Halo-Tag 与目的蛋白融合表达，并通过修饰在表面的氯代烷烃与表面偶联

5.7.7　SNAP-Tag 方法

　　人源 O^6-甲基化鸟嘌呤 DNA 烷基转移酶 (O^6-alkylguanine-DNA alkyltrans-
ferase, hAGT)，可以将甲基化鸟嘌呤的甲基转移到 hAGT 的 145 位半胱氨酸的
巯基上，同时释放去甲基化的鸟嘌呤，以实现细胞对甲基化 DNA 去甲基化自修
复的目的。Johnsson 研究组 [106] 由此发展了基于 hAGT 偶联的技术，将甲基化
鸟嘌呤的甲基转换为苄基，即 O^6-苄基化鸟嘌呤 (BG)，并在苯环上留有活性官能
团用于偶联。hAGT 与 BG 偶联时，释放鸟嘌呤，并将苄基与 hAGT 的巯基相
连。通过不断对 hAGT 的改造，进一步降低 hAGT 突变体对 DNA 上甲基化鸟嘌
呤的亲和力 [107]，提升 hAGT 突变体对 BG 的活性与反应效率，最终获得较野生
型 hAGT 提升 52 倍 BG 亲和力的 SNAP-Tag[108]。hAGT 在细胞内属于一次性
酶，完成烷基转移的 hAGT 会诱发降解，经过突变改造的 SNAP-Tag 在完成偶

联后可以保持很好的稳定性[109]，是细胞内、细胞外进行蛋白质偶联的理想体系（图 5.33）。SNAP-Tag 融合蛋白可以通过标准的大肠杆菌表达体系获取。BG 目前有多种官能团的衍生物可以购买，例如 BG-NH$_2$、BG-NHS 与 BG-Maleimide，可以通过前面介绍的偶联方法将 BG 分子偶联在探针或者衬底上。SNAP-Tag 与 BG 分子的偶联速度很快，通常 30 分钟到 2 小时即可实现完全偶联。单分子力谱实验表明，SNAP-Tag 可以成功与 BG 结合，在结合之后会部分丧失其结构完整性，在力曲线上无法观察到对应的解折叠峰[110]。基于 SNAP-Tag 方法，可以将蛋白质按照特定取向固定在探针或者衬底上，研究人员应用此方法，成功实现了疏水蛋白与疏水界面的相互作用模式、配体–受体识别以及蛋白质解折叠行为等一系列研究工作。

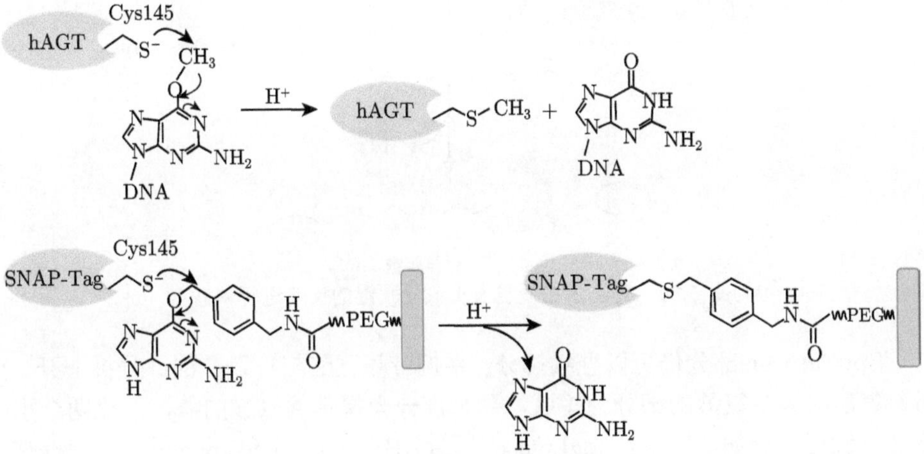

图 5.33 hAGT 蛋白甲基化鸟嘌呤进行去甲基化。氨基-BG 分子通过 PEG 修饰在表面，基于 hAGT 改造的 SNAP-Tag 通过氨基-BG 分子偶联在表面上

5.7.8 异肽键方法

异肽键是在蛋白质主链以外，通过氨基酸侧链之间形成的分子内共价酰胺键。如果蛋白质中赖氨酸侧链的氨基与天冬氨酸的羧基或天冬酰胺的羰基靠得很近，此时附近有谷氨酸催化，那么氨基与羧基或羰基形成异肽键[112]。根据形成异肽键蛋白的空间结构，将带有氨基的结构和带有羧基或羰基的结构拆解为两部分，这两部分结合时同样会引发异肽键的形成，由此两部分实现了共价键的偶联[113-115]。异肽键的形成十分高效，室温下 1 分钟就可以完成 40% 左右的反应。异肽键的形成是不可逆的，可以保持长时间的稳定性，甚至在加热变性的条件下也无法破坏异肽键。异肽键在 pH 为 5~8 下都可以有效形成，在某些表面活性剂存在下也可以有效形成[115]。

  SpyTag/SpyCatcher 体系是较为常见的异肽键偶联体系，该系统由酿脓链球菌的 CnaB2 结构域拆解而来。其中一部分为 13 个氨基酸的短肽，携带天冬氨酸，称为 SpyTag。CnaB2 剩余部分仍然携带赖氨酸，称为 SpyCatcher。当 SpyTag 与 SpyCatcher 结合时，对应的天冬氨酸与赖氨酸会形成稳定的异肽键[115](图 5.34)。SpyTag 可以设置在融合蛋白的 N 端或者 C 端，也可以插入蛋白质序列内部，只要无空间位阻影响 SpyTag 与 SpyCatcher 结合，异肽键就可以正常形成。在单分子力谱实验中，既可以将 SpyCather 首先修饰到表面上，随后带有 SpyTag 的目的蛋白通过异肽键的形成固定在表面上，也可以将合成的 SpyTag 修饰在表面上，随后将 SpyCatcher 与目的蛋白的融合蛋白通过异肽键修饰在表面上。

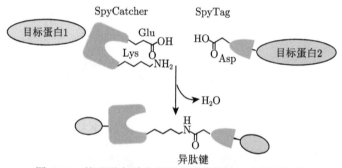

图 5.34   基于蛋白质自发形成异肽键的策略进行偶联

  SpyCatcher 部分仍可以继续拆分，将携带赖氨酸与谷氨酸的部分拆解开。携带赖氨酸与天冬氨酸的部分为短肽，剩余部分为携带谷氨酸的酶，催化两个短肽形成异肽键，例如，KTag/SpyLigase[116] 和 BDTag/SpyStapler[117] 两种拆解方式，都可以用于多肽之间的偶联。SpyTag/SpyCatcher 体系近来被用于将纤维素结合蛋白质偶联在探针上研究与不同纤维素材料的结合强度[118]。

  SnoopTag/SnoopCatcher 体系通过肺炎链球菌的 RrgA 结构域拆解而来，其中 SnoopTag 由 12 个氨基酸组成，剩余部分为 SnoopCatcher[117]。RrgA 结构域也可按照赖氨酸、天冬酰胺与谷氨酸分成三部分，即 SnoopTagJr/DogTag/SnoopLigase 实现酶催短肽之间形成异肽键的偶联[119]。SnoopTag/SnoopCatcher 体系是与 SpyTag/SpyCatcher 体系正交的偶联体系，可以同时使用，无须担心交叉反应的出现。基于这样的正交偶联体系，体外合成多聚蛋白可以实现特异性的序列控制[117]。

  除上述异肽键体系之外，还有拆解自酿脓链球菌 Spy0128 蛋白的 IsopepTag/Pilin-C 体系。该体系将天冬酰胺的部分拆解为具有 16 个氨基酸的 IsopepTag，剩余部分为带有赖氨酸的 Pilin-C，同样通过赖氨酸与天冬酰胺形成异肽键[118]。基于这样的偶联方案，Matsunaga 等设计了氧化还原开关反应实现蛋白质直接的可控偶联，并制备出聚合度可控的蛋白质长链聚集体。

5.7.9 非天然氨基酸方法

将非天然氨基酸引入蛋白质表达体系是一种相对复杂的方法，该方法可将生理环境下不存在的官能团引入蛋白质中，实现前所未有的正交性[121]。天然氨基酸只包含非常有限的官能团，而且由于相同的官能团可以在蛋白质的多个位点上反复出现，所以使用这些官能团进行偶联时，空间位置的选择性较差。这一限制可以通过引入具有良好正交性官能团的非天然氨基酸来克服。

目前已经开发出多种独特的非天然氨基酸和对应的氨酰基-tRNA 合成酶[122]。引入的非天然氨基酸可以被对应的氨酰基-tRNA 合成酶识别，并通过对应的密码子 (通常为琥珀密码子，UAG) 参与到蛋白质反应过程中去。利用携带非天然氨基酸的蛋白进行偶联，可以做到很高的特异性、生物正交性和可靠性，这正是单分子力谱实验所需要的 (图 5.35)。例如，将 p-叠氮基苯丙氨酸引入表达体系，携带叠氮的蛋白质可以高效地通过点击化学与表面上炔基或氮杂二苯并环辛炔衍生物封端的 PEG 进行偶联[66,123,124]。此外，也可以引入 p-乙酰基苯丙氨酸，通过形成肟将蛋白质固定在氨氧基末端的 PEG 功能化的表面[68,125]。当偶联位点在蛋

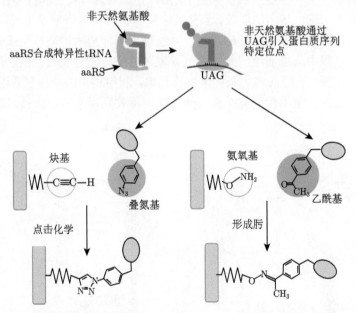

图 5.35 非天然氨基酸方法实现蛋白质的特异性偶联。通过引入非天然氨基酸与其相应的 tRNA，可以在蛋白质序列的特定位点引入非天然氨基酸，使表达的蛋白质带有非天然的官能团，如叠氮基或乙酰基。携带有叠氮的蛋白质可以通过点击化学与炔基修饰的表面偶联。携带有乙酰基的蛋白可以通过形成肟与氨氧基修饰的表面偶联

白质的 N 端或 C 端时，非天然氨基酸方法由于其复杂性并不具有显著优势，然而，当需要在蛋白质序列中插入偶联位点时，非天然氨基酸是改动最少的方法，更容易保持蛋白质原有的性质。非天然氨基酸也有显著的局限性，通常引入的非天然氨基酸与核糖体结合效率不高，导致最终的蛋白产量比野生型低得多。这或许对单分子的研究不会造成严重影响，但是对于蛋白质宏观性质的表征，特别是分析单分子实验结果所需必要的表征，如光谱测量、热变性分析等，就会严重受到蛋白原料不足的限制。

5.7.10　融合蛋白构建简介

本小节介绍了多种基于蛋白质的融合蛋白方法用于蛋白质的特异性偶联，这里简单介绍一下通过大肠杆菌表达体系获取融合蛋白的方法 (图 5.36)。事实上，这已经是十分成熟且常见的方法，具体的操作可以参考《蛋白质纯化指南》《精编分子生物学实验指南》等相关手册。首先需要获取融合蛋白所用的蛋白标签基因和目的蛋白基因，这些基因通常都构建在环形质粒上。为了将标签蛋白与目的蛋白串联在一起，需要在基因的层面进行编辑。通常会把载有标签蛋白与目的蛋白的质粒提取出来，在体外将目的蛋白的基因通过酶切成线性的 DNA，并在载有标签蛋白的质粒上将标签蛋白基因的下游酶切出一道切口。此时，就可以将目的蛋白的基因连入标签蛋白的质粒，当然，这里酶切的切口需要事先设计成互补的。将连接好的质粒重新导入大肠杆菌中，并通过大肠杆菌的扩增产生质粒的大量拷贝，在培养过程中通过质粒所兼容的诱导表达方法，诱导大肠杆菌表达融合了标签蛋白的目的蛋白。随后将大肠杆菌收集起来，利用超声或高压等方法使其裂解、释放出目的蛋白。使用我们前面提到的组氨酸标签利用亲和层析技术对蛋白质进

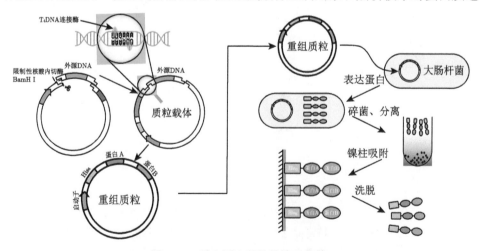

图 5.36　融合蛋白质粒构建及表达

行纯化，即可得到单一的目的蛋白。

参 考 文 献

[1] Gao X, Qin M, Yin P, et al. Single-molecule experiments reveal the flexibility of a Per-ARNT-Sim domain and the kinetic partitioning in the unfolding pathway under force. Biophys J, 2012, 102(9): 2149-2157.

[2] Lv C, Gao X, Li W, et al. Single-molecule force spectroscopy reveals force-enhanced binding of calcium ions by gelsolin. Nat Commun, 2014, 5(1): 4623.

[3] Wang J, Kouznetsova T B, Niu Z, et al. Inducing and quantifying forbidden reactivity with single-molecule polymer mechanochemistry. Nat Chem, 2015, 7(4): 323-327.

[4] Li Y R, Wen J, Qin M, et al. Single-molecule mechanics of catechol-Iron coordination bonds. Acs Biomater Sci Eng, 2017, 3(6): 979-989.

[5] Deng Y, Wu T, Wang M, et al. Enzymatic biosynthesis and immobilization of polyprotein verified at the single-molecule level. Nat Commun, 2019, 10(1): 2775.

[6] Popa I, Berkovich R, Alegre-Cebollada J, et al. Nanomechanics of halotag tethers. J Am Chem Soc, 2013, 135(34): 12762-12771.

[7] Dietz H, Berkemeier F, Bertz M, et al. Anisotropic deformation response of single protein molecules. Proc Natl Acad Sci U S A, 2006, 103(34): 12724-12728.

[8] Baskin J M, Prescher J A, Laughlin S T, et al. Copper-free click chemistry for dynamic in vivo imaging. Proceedings of the National Academy of Sciences of the United Sates of America, 2007, 104(43): 16793-16797.

[9] Ballestrem C, Wehrle-Haller B, Imhof B A. Actin dynamics in living mammalian cells. Journal of Cell Science, 1998, 111: 1649-1658.

[10] Bernardi R C, Durner E, Schoeler C, et al. Mechanisms of nanonewton mechanostability in a protein complex revealed by molecular dynamics simulations and single-molecule force spectroscopy. J Am Chem Soc, 2019, 141(37): 14752-14763.

[11] Digman M A, Brown C M, Horwitz A R, et al. Paxillin dynamics measured during adhesion assembly and disassembly by correlation spectroscopy. Biophys J, 2008, 94(7): 2819-2831.

[12] Huang W, Qin M, Li Y, et al. Dimerization of cell-adhesion molecules can increase their binding strength. Langmuir, 2017, 33(6): 1398-1404.

[13] Schoeler C, Bernardi R C, Malinowska K H, et al. Mapping mechanical force propagation through biomolecular complexes. Nano Lett, 2015, 15(11): 7370-7376.

[14] Di W, Gao X, Huang W, et al. Direct measurement of length scale dependence of the hydrophobic free energy of a single collapsed polymer nanosphere. Phys Rev Lett, 2019, 122(4): 047801.

[15] Li B, Wang X, Li Y, et al. Single-Molecule force spectroscopy reveals self-assembly enhanced surface binding of hydrophobins. Chemistry, 2018, 24(37): 9224-9228.

[16] Huang W, Zhu Z, Wen J, et al. Single molecule study of force-induced rotation of carbon-carbon double bonds in polymers. ACS Nano, 2017, 11(1): 194-203.

[17] Huang W, Wu X, Gao X, et al. Maleimide-thiol adducts stabilized through stretching. Nat Chem, 2019, 11(4): 310-319.

[18] Ott W, Jobst M A, Bauer M S, et al. Elastin-like polypeptide linkers for single-molecule force spectroscopy. ACS Nano, 2017, 11(6): 6346-6354.

[19] Singh D, Sternberg S H, Fei J, et al. Real-time observation of DNA recognition and rejection by the RNA-guided endonuclease Cas9. Nat Commun, 2016, 7: 12778.

[20] National Center for Biotechnology Information. PubChem Compound Summary for CID 24425, Chromic acid. https://pubchem.ncbi.nlm.nih.gov/compound/Chromic-acid. Accessed Aug. 18, 2020.

[21] Diao J, Ishitsuka Y, Lee H, et al. A single vesicle-vesicle fusion assay for in vitro studies of SNAREs and accessory proteins. Nat Protoc, 2012, 7(5): 921-934.

[22] S.E. Stanley Howell Piranha Solutions, Environmental Health Safety, Princeton University, 262 Alexander Street Princeton, NJ 08540.

[23] Jain A, Liu R, Xiang Y K, et al. Single-molecule pull-down for studying protein interactions. Nat Protoc, 2012, 7(3): 445-452.

[24] Dagdas Y S, Chen J S, Sternberg S H, et al. A conformational checkpoint between DNA binding and cleavage by CRISPR-Cas9. Science Advances, 2017, 3(8): eaao0027.

[25] Kohli R. UV-Ozone cleaning for removal of surface contaminants. Developments in Surface Contamination and Cleaning, 2015: 71-104.

[26] Trache A, Lim S M. Live cell response to mechanical stimulation studied by integrated optical and atomic force microscopy. J Vis Exp, 2010, (44): e2072.

[27] Hillborg H, Tomczak N, Olah A, et al. Nanoscale hydrophobic recovery: A chemical force microscopy study of UV/ozone-treated cross-linked poly(dimethylsiloxane). Langmuir, 2004, 20(3): 785-794.

[28] Wang X, Sun J, Xu Q, et al. Integrin molecular tension within motile focal adhesions. Biophys J, 2015, 109(11): 2259-2267.

[29] Penedo M, Fernandez-Martinez I, Costa-Kramer J L, et al. Magnetostriction-driven cantilevers for dynamic atomic force microscopy. Applied Physics Letters, 2009, 95(14): 143505.

[30] Volcke C, Gandhiraman R P, Gubala V, et al. Plasma functionalization of AFM tips for measurement of chemical interactions. J Colloid Interface Sci, 2010, 348(2): 322-328.

[31] Charlton C, Gubala V, Gandhiraman R P, et al. TIRF microscopy as a screening method for non-specific binding on surfaces. J Colloid Interface Sci, 2011, 354(1): 405-409.

[32] Gandhiraman R P, Volcke C, Gubala V, et al. High efficiency amine functionalization of cycloolefin polymer surfaces for biodiagnostics. Journal of Materials Chemistry, 2010, 20(20): 4116-4127.

[33] Gubala V, Gandhiraman R P, Volcke C, et al. Functionalization of cycloolefin polymer surfaces by plasma-enhanced chemical vapour deposition: comprehensive characterization and analysis of the contact surface and the bulk of aminosiloxane coatings. Analyst,

2010, 135(6): 1375-1381.

[34] Volcke C, Gandhiraman R P, Gubala V, et al. Reactive amine surfaces for biosensor applications, prepared by plasma-enhanced chemical vapour modification of polyolefin materials. Biosens Bioelectron, 2010, 25(8): 1875-1880.

[35] Xue Y, Li X, Li H, et al. Quantifying thiol-gold interactions towards the efficient strength control. Nat Commun, 2014, 5(1): 4348.

[36] Zhao W, Liu S, Cai M, et al. Detection of carbohydrates on the surface of cancer and normal cells by topography and recognition imaging. Chem Commun (Camb), 2013, 49(29): 2980-2982.

[37] Pfreundschuh M, Alsteens D, Hilbert M, et al. Localizing chemical groups while imaging single native proteins by high-resolution atomic force microscopy. Nano Lett, 2014, 14(5): 2957-2964.

[38] Senapati S, Manna S, Lindsay S, et al. Application of catalyst-free click reactions in attaching affinity molecules to tips of atomic force microscopy for detection of protein biomarkers. Langmuir, 2013, 29(47): 14622-14630.

[39] Acres R G, Ellis A V, Alvino J, et al. Molecular Structure of 3-Aminopropyltriethoxysilane layers formed on silanol-terminated silicon surfaces. J Phys Chem C, 2012, 116(10): 6289-6297.

[40] Rathor N, Panda S. Aminosilane densities on nanotextured silicon. Materials Science & Engineering C-Materials for Biological Applications, 2009, 29(8): 2340-2345.

[41] Zhao J, Li Y, Guo H, et al. Relative surface density and stability of the amines on the biochip. Chinese Journal of Analytical Chemistry, 2006, 34(9): 1235-1238.

[42] Uhlig M R, Amo C A, Garcia R. Dynamics of breaking intermolecular bonds in high-speed force spectroscopy. Nanoscale, 2018, 10(36): 17112-17116.

[43] Kosuri P, Alegre-Cebollada J, Feng J, et al. Protein folding drives disulfide formation. Cell, 2012, 151(4): 794-806.

[44] Alegre-Cebollada J, Kosuri P, Giganti D, et al. S-glutathionylation of cryptic cysteines enhances titin elasticity by blocking protein folding. Cell, 2014, 156(6): 1235-1246.

[45] Yadav A R, Sriram R, Carter J A, et al. Comparative study of solution-phase and vapor-phase deposition of aminosilanes on silicon dioxide surfaces. Mater Sci Eng C Mater Biol Appl, 2014, 35: 283-290.

[46] Blass J, Albrecht M, Wenz G, et al. Single-molecule force spectroscopy of fast reversible bonds. Phys Chem Chem Phys, 2017, 19(7): 5239-5245.

[47] Zhang F, Sautter K, Larsen A M, et al. Chemical vapor deposition of three aminosilanes on silicon dioxide: surface characterization, stability, effects of silane concentration, and cyanine dye adsorption. Langmuir, 2010, 26(18): 14648-14654.

[48] Pfreundschuh M, Alsteens D, Wieneke R, et al. Identifying and quantifying two ligand-binding sites while imaging native human membrane receptors by AFM. Nat Commun, 2015, 6: 8857.

[49] Alsteens D, Newton R, Schubert R, et al. Nanomechanical mapping of first binding

steps of a virus to animal cells. Nat Nanotechnol, 2017, 12(2): 177-183.

[50] Chen I, Dorr B M, Liu D R. A general strategy for the evolution of bond-forming enzymes using yeast display, 2011, 108(28): 11399-11404.

[51] Wildling L, Unterauer B, Zhu R, et al. Linking of sensor molecules with amino groups to amino-functionalized AFM tips. Bioconjug Chem, 2011, 22(6): 1239-1248.

[52] Nair D P, Podgórski M, Chatani S, et al. The thiol-michael addition click reaction: a powerful and widely used tool in materials chemistry. Chemistry of Materials, 2013, 26(1): 724-744.

[53] Christie R J, Fleming R, Bezabeh B, et al. Stabilization of cysteine-linked antibody drug conjugates with N-aryl maleimides. J Control Release, 2015, 220(Pt B): 660-670.

[54] Lyon R P, Setter J R, Bovee T D, et al. Self-hydrolyzing maleimides improve the stability and pharmacological properties of antibody-drug conjugates. Nat Biotechnol, 2014, 32(10): 1059-1062.

[55] Pfreundschuh M, Harder D, Ucurum Z, et al. Detecting ligand-binding events and free energy landscape while imaging membrane receptors at subnanometer resolution. Nano Lett, 2017, 17(5): 3261-3269.

[56] Janel S, Popoff M, Barois N, et al. Stiffness tomography of eukaryotic intracellular compartments by atomic force microscopy. Nanoscale, 2019, 11(21): 10320-10328.

[57] Rico F, Su C, Scheuring S. Mechanical mapping of single membrane proteins at sub-molecular resolution. Nano Lett, 2011, 11(9): 3983-3986.

[58] Friddle R W, Noy A, De Yoreo J J. Interpreting the widespread nonlinear force spectra of intermolecular bonds. Proc Natl Acad Sci U S A, 2012, 109(34): 13573-13578.

[59] Yoon J, Kim Y, Park J W. Binary structure of amyloid beta oligomers revealed by dual recognition mapping. Anal Chem, 2019, 91(13): 8422-8428.

[60] Kuang C, Xu M, Wang Z, et al. A novel approach to 1-monosubstituted 1,2,3-triazoles by a click cycloaddition/decarboxylation process. Synthesis, 2010, 2011(2): 223-228.

[61] Newton R, Delguste M, Koehler M, et al. Combining confocal and atomic force microscopy to quantify single-virus binding to mammalian cell surfaces. Nat Protoc, 2017, 7(12): 2275-2292.

[62] Sullan R, Beaussart A, Tripathi P, et al. Single-cell force spectroscopy of pili-mediated adhesion. Nanoscale, 2014, 6: 1134-1143.

[63] Chan T R, Hilgraf R, Sharpless K B, et al. Polytriazoles as copper(I)-stabilizing ligands in catalysis. Org Lett, 2004, 6(17): 2853-2855.

[64] Yang M, Jalloh A S, Wei W, et al. Biocompatible click chemistry enabled compartment-specific pH measurement inside E. coli. Nature Communications, 2014, 5(1): 4981.

[65] Koo H, Park I, Lee Y, et al. Visualization and Quantification of MicroRNA in a Single Cell Using Atomic Force Microscopy. J. Am. Chem. Soc., 2016, 138(36): 11664–11671.

[66] Maity S, Viazovkina E, Gall A, et al. A Metal-free click chemistry approach for the assembly and probing of biomolecules. J Nat Sci, 2016, 2(4): 187.

[67] Saxon E, Bertozzi C R. Cell surface engineering by a modified Staudinger reaction. Science, 2000, 287(5460): 2007-2010.

[68] Cho H, Daniel T, Buechler Y J, et al. Optimized clinical performance of growth hormone with an expanded genetic code. Proc Natl Acad Sci U S A, 2011, 108(22): 9060-9065.

[69] Hsiao S C, Crow A K, Lam W A, et al. DNA-coated AFM cantilevers for the investigation of cell adhesion and the patterning of live cells. Angew Chem Int Ed Engl, 2008, 47(44): 8473-8477.

[70] Kohn M, Breinbauer R. The staudinger ligation-a gift to chemical biology. Angew Chem Int Ed Engl, 2004, 43(24): 3106-3116.

[71] Bertz M, Wilmanns M, Rief M. The titin-telethonin complex is a directed, superstable molecular bond in the muscle Z-disk. Proc Natl Acad Sci U S A, 2009, 106(32): 13307-13310.

[72] Wu J, Li P, Dong C, et al. Rationally designed synthetic protein hydrogels with predictable mechanical properties. Nat Commun, 2018, 9(1): 620.

[73] Walder R, LeBlanc M A, Van Patten W J, et al. Rapid characterization of a mechanically labile alpha-helical protein enabled by efficient site-specific bioconjugation. J Am Chem Soc, 2017, 139(29): 9867-9875.

[74] Ott W, Jobst M A, Schoeler C, et al. Single-molecule force spectroscopy on polyproteins and receptor-ligand complexes: The current toolbox. J Struct Biol, 2017, 197(1): 3-12.

[75] Zheng P, Cao Y, Li H. Facile method of constructing polyproteins for single-molecule force spectroscopy studies. Langmuir, 2011, 27(10): 5713-5718.

[76] Dietz H, Bertz M, Schlierf M, et al. Cysteine engineering of polyproteins for single-molecule force spectroscopy. Nat Protoc, 2006, 1(1): 80-84.

[77] Tolbert T J, Wong C H. New methods for proteomic research: preparation of proteins with N-terminal cysteines for labeling and conjugation. Angew Chem Int Ed Engl, 2002, 41(12): 2171-2174.

[78] Malakhov M P, Mattern M R, Malakhova O A, et al. SUMO fusions and SUMO-specific protease for efficient expression and purification of proteins. J Struct Funct Genomics, 2004, 5(1-2): 75-86.

[79] Panavas T S C, Butt T R. SUMO fusion technology for enhanced protein production in prokaryotic and eukaryotic expression systems. Methods Mol Biol, 2009, 497: 303-317.

[80] Kienberger F, Ebner A, Gruber H J, et al. Molecular recognition imaging and force spectroscopy of single biomolecules. Acc Chem Res, 2006, 39(1): 29-36.

[81] Bronder A M, Bieker A, Elter S, et al. Oriented membrane protein reconstitution into tethered lipid membranes for AFM force spectroscopy. Biophys J, 2016, 111(9): 1925-1934.

[82] Kienberger F, Kada G, Gruber H J, et al. Recognition force spectroscopy studies of the NTA-His6 bond. Single Molecules, 2000, 1(1): 59-65.

[83] Pfreundschuh M, Alsteens D, Wieneke R, et al. Identifying and quantifying two ligand-binding sites while imaging native human membrane receptors by AFM. Nat Commun,

2015, 6(1): 8857.

[84] Alsteens D, Trabelsi H, Soumillion P, et al. Multiparametric atomic force microscopy imaging of single bacteriophages extruding from living bacteria. Nat Commun, 2013, 4(1): 2926.

[85] Alsteens D, Martinez N, Jamin M, et al. Sequential unfolding of beta helical protein by single-molecule atomic force microscopy. PLoS One, 2013, 8(8): e73572.

[86] Tsukiji S, Nagamune T. Sortase-mediated ligation: a gift from Gram-positive bacteria to protein engineering. Chembiochem, 2009 10(5): 787-798.

[87] Kruger R G, Otvos B, Frankel B A, et al. Analysis of the substrate specificity of the Staphylococcus aureus sortase transpeptidase SrtA. Biochemistry, 2004, 43(6): 1541-1551.

[88] Biswas T, Pawale V S, Choudhury D, et al. Sorting of LPXTG peptides by archetypal sortase A: role of invariant substrate residues in modulating the enzyme dynamics and conformational signature of a productive substrate. Biochemistry, 2014, 53(15): 2515-2524.

[89] Hirakawa H, Ishikawa S, Nagamune T. Ca^{2+} -independent sortase-A exhibits high selective protein ligation activity in the cytoplasm of Escherichia coli. Biotechnol J, 2015, 10(9): 1487-1492.

[90] Jeong H J, Abhiraman G C, Story C M, et al. Generation of Ca^{2+}-independent sortase A mutants with enhanced activity for protein and cell surface labeling. PLoS One, 2017, 12(12): e0189068.

[91] Theile C S, Witte M D, Blom A E, et al. Site-specific N-terminal labeling of proteins using sortase-mediated reactions. Nat Protoc, 2013, 8(9): 1800-1807.

[92] Durner E, Ott W, Nash M A, et al. Post-translational sortase-mediated attachment of high-strength force spectroscopy handles. ACS Omega, 2017, 2(6): 3064-3069.

[93] Srinivasan S, Hazra J P, Singaraju G S, et al. ESCORTing proteins directly from whole cell-lysate for single-molecule studies. Anal Biochem, 2017, 535: 35-42.

[94] Garg S, Singaraju G S, Yengkhom S, et al. Tailored polyproteins using sequential staple and cut. Bioconjug Chem, 2018, 29(5): 1714-1719.

[95] Liu H P, Ta D T, Nash M A. Mechanical polyprotein assembly using sfp and sortase-mediated domain oligomerization for single-molecule studies. Small Methods, 2018, 2(6): 1800039.

[96] Witte M D, Theile C S, Wu T, et al. Production of unnaturally linked chimeric proteins using a combination of sortase-catalyzed transpeptidation and click chemistry. Nat Protoc, 2013, 8(9): 1808-1819.

[97] Harris K S, Durek T, Kaas Q, et al. Efficient backbone cyclization of linear peptides by a recombinant asparaginyl endopeptidase. Nat Commun, 2015, 6(1): 10199.

[98] Yang R, Wong Y H, Nguyen G K T, et al. Engineering a catalytically efficient recombinant protein ligase. J Am Chem Soc, 2017, 139(15): 5351-5358.

[99] Ott W, Durner E, Gaub H E. Enzyme-Mediated, Site-specific protein coupling strategies

for surface-based binding assays. Angew Chem Int Ed Engl, 2018, 57(39): 12666-12669.

[100] Yin J, Straight P D, McLoughlin S M, et al. Genetically encoded short peptide tag for versatile protein labeling by Sfp phosphopantetheinyl transferase. Proc Natl Acad Sci U S A, 2005, 102(44): 15815-15820.

[101] Wong L S, Thirlway J, Micklefield J. Direct site-selective covalent protein immobilization catalyzed by a phosphopantetheinyl transferase. J Am Chem Soc, 2008, 130(37): 12456-12464.

[102] Baumann F, Bauer M S, Rees M, et al. Increasing evidence of mechanical force as a functional regulator in smooth muscle myosin light chain kinase. Elife, 2017, 6: e26473.

[103] Jobst M A, Milles L F, Schoeler C, et al. Resolving dual binding conformations of cellulosome cohesin-dockerin complexes using single-molecule force spectroscopy. Elife, 2015, 4: e10319.

[104] Wood G V L. High Content Screening. Humana Press. Methods in Molecular Biology, 2007.

[105] Taniguchi Y, Kawakami M. Application of halotag protein to covalent immobilization of recombinant proteins for single molecule force spectroscopy. Langmuir, 2010, 26(13): 10433-10436.

[106] Keppler A, Gendreizig S, Gronemeyer T, et al. A general method for the covalent labeling of fusion proteins with small molecules in vivo. Nat Biotechnol, 2003, 21(1): 86-89.

[107] Juillerat A, Heinis C, Sielaff I, et al. Engineering substrate specificity of O6-alkylguanine-DNA alkyltransferase for specific protein labeling in living cells. Chembiochem, 2005, 6(7): 1263-1269.

[108] Gronemeyer T, Chidley C, Juillerat A, et al. Directed evolution of O6-alkylguanine-DNA alkyltransferase for applications in protein labeling. Protein Eng Des Sel, 2006, 19(7): 309-316.

[109] Mollwitz B, Brunk E, Schmitt S, et al. Directed evolution of the suicide protein O(6)-alkylguanine-DNA alkyltransferase for increased reactivity results in an alkylated protein with exceptional stability. Biochemistry, 2012, 51(5): 986-994.

[110] Kufer S K, Dietz H, Albrecht C, et al. Covalent immobilization of recombinant fusion proteins with hAGT for single molecule force spectroscopy. Eur Biophys J, 2005, 35(1): 72-78.

[111] Fichtner D, Lorenz B, Engin S, et al. Covalent and density-controlled surface immobilization of E-cadherin for adhesion force spectroscopy. PLoS One, 2014, 9(3): e93123.

[112] Kang H J, Coulibaly F, Clow F, et al. Stabilizing isopeptide bonds revealed in gram-positive bacterial pilus structure. Science, 2007, 318(5856): 1625-1628.

[113] Veggiani G, Nakamura T, Brenner M D, et al. Programmable polyproteams built using twin peptide superglues. Proc Natl Acad Sci U S A, 2016, 113(5): 1202-1207.

[114] Zakeri B, Howarth M. Spontaneous intermolecular amide bond formation between side chains for irreversible peptide targeting. J Am Chem Soc, 2010, 132(13): 4526, 4527.

[115] Zakeri B, Fierer J O, Celik E, et al. Peptide tag forming a rapid covalent bond to a protein, through engineering a bacterial adhesin. Proc Natl Acad Sci U S A, 2012, 109(12): E690-E697.

[116] Fierer J O, Veggiani G, Howarth M. SpyLigase peptide-peptide ligation polymerizes affibodies to enhance magnetic cancer cell capture. Proc Natl Acad Sci U S A, 2014, 111(13): E1176-E1181.

[117] Wu X L, Liu Y, Liu D, et al. An intrinsically disordered peptide-peptide stapler for highly efficient protein ligation both in vivo and in vitro. J Am Chem Soc, 2018, 140(50): 17474-17483.

[118] Griffo A, Rooijakkers B J M, Hahl H, et al. Binding forces of cellulose binding modules on cellulosic nanomaterials. Biomacromolecules, 2019, 20(2): 769-777.

[119] Buldun C M, Jean J X, Bedford M R, et al. Snoopligase catalyzes peptide-peptide locking and enables solid-phase conjugate isolation. J Am Chem Soc, 2018, 140(8): 3008-3018.

[120] Matsunaga R, Yanaka S, Nagatoishi S, et al. Hyperthin nanochains composed of self-polymerizing protein shackles. Nat Commun, 2013, 4(1): 2211.

[121] Kim C H, Axup J Y, Schultz P G. Protein conjugation with genetically encoded unnatural amino acids. Curr Opin Chem Biol, 2013, 17(3): 412-419.

[122] Wang L, Xie J, Schultz P G. Expanding the genetic code. Annu Rev Biophys Biomol Struct, 2006, 35: 225-249.

[123] Deiters A, Cropp T A, Summerer D, et al. Site-specific PEGylation of proteins containing unnatural amino acids. Bioorg Med Chem Lett, 2004, 14(23): 5743-5745.

[124] Yu H, Heenan P R, Edwards D T, et al. Quantifying the initial unfolding of bacteriorhodopsin reveals retinal stabilization. Angew Chem Int Ed Engl, 2019, 58(6): 1710-1713.

[125] Hallam T J, Wold E, Wahl A, et al. Antibody conjugates with unnatural amino acids. Mol Pharm, 2015, 12(6): 1848-1862.

第 6 章　力谱数据采集

黄文茂

在完成了相应的 AFM 探针修饰和基板样品处理之后，即可在不同的 AFM 仪器上进行单分子力谱实验测量。详细的 AFM 实验仪器操作流程本书将不作介绍，读者可参阅相关的仪器操作工具书。本章将围绕基于 AFM 的单分子力谱的数据采集，展开一系列的介绍和讨论。首先介绍 AFM 探针校准的原理与方法，接着重点介绍几种不同的力谱测量模式，主要包括拉伸 (force-extension) 模式和力钳 (force-clamp) 模式，此外还有进阶的重折叠 (refolding) 模式和自由度极大的自定义 (home design) 模式等，随后介绍力谱数据的必要修正，包括漂移修正 (drift correlation)、针尖形变补偿 (calibration correlation) 和黏滞力修正 (correlated hydrodynamic force correlation)；更为重要的是，最后部分将着重阐述单分子力谱的判定方法，并依此介绍提高单分子力谱检测效率的原则与方法。

6.1　探　针　校　准

在单分子力谱实验中，AFM 探针的受力会导致探针的形变，通过激光反射信号放大，最终反映在检测器 (光电二极管) 的电压信号改变上 (图 6.1)。为了将检测器的电压信号转变成探针的形变量和机械力大小，每一次力谱实验前都要对 AFM 探针进行校准，得到准确的探针劲度系数 (spring constant)k 和检测器的灵敏度 (deflection sensitivity)[1,2]。目前常用的 AFM探针校准技术分成两种，即依赖接触 (contact-based) 和不依赖接触 (contact-free) 的测量方法。

6.1.1　依赖接触方法

依赖接触方法是在 AFM 使用中最常用的探针校准方法，主要分成两个步骤：首先对硬基底上的力谱曲线进行拟合得到灵敏度，然后通过探针热扰动法测量探针的劲度系数 k。

图 6.2(a) 为在硬基底上的经典力谱曲线，探针与基板接触的倾斜段中，光电二极管测量值 (V) 随压电陶瓷位移 (nm) 呈线性变化，因此借用该曲线的斜率 s(也可以表示为 invOLS)，可以将电压信号转换成位移信号 [3,4]。为了尽量准确

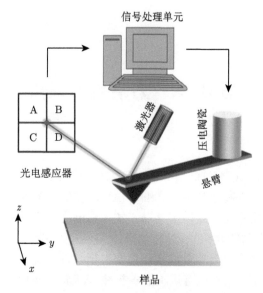

图 6.1   AFM 原理示意图。激光器发出激光打在探针悬臂背面，经过反射受力后悬臂的微小形变发生光学放大，在光电二极管检测器上的光斑位移变化反映悬臂的形变，经过校准及信号处理可以得到悬臂的受力

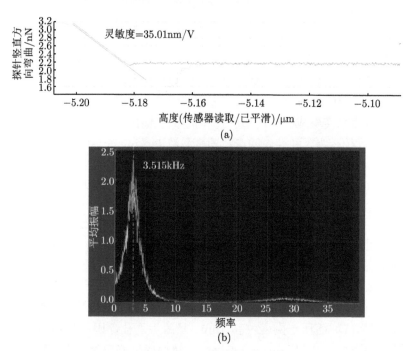

图 6.2   劲度系数测量方法。(a) 探针测量；(b) 探针劲度系数测量

地得到 invOLS，我们设置的下压阈值应当尽量大 (通常大于 2V)，以减小可能存在的针尖与基底的长程排斥力和基底污染的影响，同时应当多次测量得到平均值，排除基底不均匀性的影响。需要注意的是，由于下压力很大，因此存在损坏探针或者影响探针修饰分子的可能，研究者应该根据探针种类和修饰状况，酌情应对。

在许多标定探针劲度系数的方法中，最常用的是 Hutter-Bechhoefer 法，或称为热扰动法 [5]。在热扰动法中，探针在远离基底时的热扰动被视为简谐振动，其劲度系数 k 可以根据能量均分定理从热扰动的能谱中计算出来。探针能谱中的第一个峰拥有最高的信噪比，因此通常对它进行拟合 (如图 6.2(b))。此外，大部分 AFM 系统在使用热扰动法标定探针劲度系数时会采用两个必要的修正：探针振动模式修正 (频谱第一峰系数 0.971) 和对于探针接触和非接触 (力谱和热扰动) 时形变特性差异的修正 (系数 1.09)[6-9]。因此，考虑到相关修正，$k=0.817$ $k_B T/(x^2)$[3]。值得一提的是，商业化的 AFM 软件已经内置这一部分计算，使用者仅需按照操作流程逐步进行拟合即可。液相共振峰位置大概在气相共振峰频率的三分之一处。用于单分子力谱测量的探针劲度系数范围在 6~100pN/nm。

6.1.2 不依赖接触方法

不依赖接触方法基于探针的种类，仅需要进行热扰动法测量即可完成探针标定，与依赖接触方法相比，避免在实验测量前进行针尖下压，防止损坏或污染针尖和样品，标定测量也更为方便简洁。

AFM 软件中最常见的依赖接触方法是 Sader 法 [10]。Sader 法基于探针的种类和形状尺寸，通过简单测量探针的功率密度谱 (power spectral density，PSD) 能谱密度得到共振峰频率和品质因子 Q，进而进行探针标定。Sader 等研究者建立了一个探针劲度系数标定网站：https://sadermethod.org/，供研究者上传和查询任何种类的 AFM 探针标定参数。

不依赖接触方法基于标准探针库，但在单分子力谱实验中，AFM 探针往往会经过各种化学清洗、修饰甚至刻蚀加工，实际情况中的探针劲度系数往往与预设的不同，因此建议采用依赖接触方法在特定溶液与实验温度下进行标定得到更为准确的劲度系数。经过依赖接触方法多次测量，探针的劲度系数偏差可以保持在 10% 以下 [1]。

6.2　力　谱　模　式

在 AFM 的力谱模式中，压电陶瓷操控针尖可以在竖直方向 (z 方向) 实现纳米精度的移动和测量，因此可以在皮牛精度研究单个分子在拉力或压力下的力学响应。精确地定量特性帮助 AFM 力谱测量成为相关领域研究中的重要工具之一，借助典型的力谱测量，研究者可以直接得到蛋白质解折叠力、配体/受体相互作用力、化学键断裂力和细胞或材料的力学特性等。随着力谱技术的不断发展，在单分子力谱实验中，研究者可以根据测量的需要，进行不同力谱模式的实验，得到更深入和更详细的平衡态信息、能量面信息和反应机理等。

6.2.1　拉伸模式

在 AFM 单分子力谱测量中，通过控制压电陶瓷操控探针，对通过吸附或者共价连接在基板和针尖之间的单分子链进行可控拉伸，通过激光反射信号记录 AFM 探针的形变和受力，这种力谱测量模式被称为拉伸模式。拉伸模式是单分子力谱测量中应用最广泛的一种模式，通常控制压电陶瓷以恒定速度进行力学拉伸，也被称为恒速模式。通过采集研究对象在不同拉伸速率下的力谱信息，可以通过一系列分析得到研究对象解离 (或解折叠) 的反应速率以及能量面信息，这种方法被称为动力学谱 (dynamic force spectroscopy)，具体分析方法将在本书第 7 章介绍。

以研究生物分子 (受体–配体) 相互作用为例，一次典型的 AFM 单分子力谱拉伸模式测量可以分成四个阶段 (探针与基板的相对位置变化和对应力-时间与力-距离曲线展示在图 6.3 中)。

第一，修饰有配体分子的 AFM 探针在压电陶瓷的操控下，在溶液中逐渐靠近修饰有对应受体分子的基板，在未接触基板阶段，探针在溶液中匀速运动，受力保持不变，在力谱数据中表现为一段带有均匀热噪声的恒力曲线，受力稳定在基线附近。

第二，针尖接触到基板的位置作为接触点 (contact point)，探针形变量匀速增加，由于探针可以近似为胡克弹簧，探针受力也匀速增加，直到达到一个预设的截止下压力 (setpoint force)，并在基板上停留一段时间，下压力和停留时间会影响受体-配体结合的效率。

第三，探针开始匀速返回，下压力逐渐减小，悬臂弯曲程度逐步减小，直到回到接触点开始，针尖受到基板的非特异性黏附发生反向弯曲，往往会出现一个大小和宽度不一的尖峰。

第四，如果针尖与基板之间成功形成了一个受体–配体特异性相互作用，则探针匀速返回过程中会产生一个逐渐增大的拉力，直到受体-配体解离导致针尖与基板之间的连接断开，探针会瞬间松弛，受力会断崖式地回归基线附近，随着探针远离基板，力谱曲线不再有明显力谱信号，仅余均匀热噪声。

在单分子力谱数据中，y 轴方向代表光电检测器探测到的激光信号变化，记录了探针悬臂的形变，在已知检测器灵敏度与探针力劲度系数的情况下，可以直接转换成探针的受力大小；x 轴代表时间变化，在具体实验中可以被换算成针尖到基板的距离。这样的力谱数据被称为力-距离/时间曲线或简称力谱曲线。

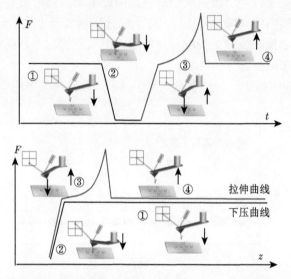

图 6.3 AFM 单分子力谱拉伸模式研究生物分子相互作用。(a) 拉伸模式研究生物分子相互作用的力-时间曲线。(b) 拉伸模式研究生物分子相互作用的力-距离曲线。①~④分别为接近、下压、拉伸、远离四个阶段

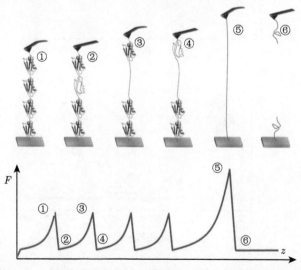

图 6.4 AFM 单分子力谱拉伸模式研究多聚蛋白解折叠原理图

图中①~⑥分别代表多聚蛋白拉伸过程中，蛋白质结构域依次解折叠 (①~④)，直到全部解折叠成多肽链 (⑤)，最后断裂 (⑥)

对于多聚蛋白解折叠的单分子力谱实验，同样基本符合上述四个阶段。由于多个蛋白结构域会在拉伸阶段依次解折叠，因此多聚蛋白解折叠的力谱曲线拉伸段会出现连续的锯齿状多峰 (图 6.4)。每个峰分别代表一个蛋白结构域的解折叠，峰与峰的间距可以反映蛋白结构域打开的长度，最末的一个解离峰代表探针与基板之间的分子连接断开。

我们在图 6.5 中列出了一些常见的基于 AFM 拉伸模式下的单分子力谱数据。

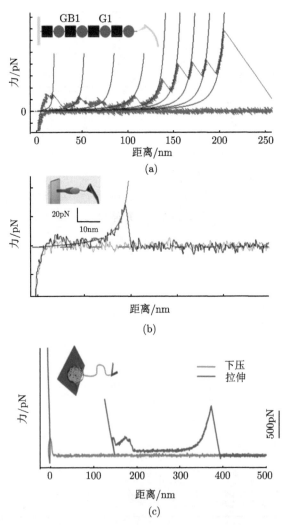

图 6.5 常见的单分子力谱拉伸模式下的标准力谱曲线。(a) 多聚蛋白 (G1-GB1 四聚体) 在恒速拉伸下依次解折叠；(b) 受体-配体 (RGD-整合素 (integrin)) 的拉伸解离力谱曲线；(c) 聚苯乙烯小球的解折叠力谱曲线

在多聚蛋白 G1-GB1 四聚体恒速拉伸下的解折叠数据中 (图 6.5(a))，力学稳定性差的四个 G1 结构域先于力学稳定性强的 GB1 结构域依次解折叠，每个结构域的打开会瞬间释放一段长度，在力谱曲线中对应连续的"锯齿状"多峰，直到所有的结构域都打开之后，分子链从探针或者基板上断开，对应末尾的一个解离峰。在受体-配体 (RGD-integrin) 的拉伸解离力谱曲线中 (图 6.5(b))，RGD 通过一段 PEG 链共价连接在 AFM 探针上，可以与修饰在基板上的受体 integrin-$\alpha_v\beta_3$ 成键，随后在 AFM 探针的匀速拉伸下，受力逐渐增大，直到受体-配体发生解离断裂，对应一个断裂峰。在聚苯乙烯小球的解折叠数据中 (图 6.5(c))，组装成小球的聚苯乙烯高分子链两端分别共价交联在探针和基板上，通过匀速拉伸，聚苯乙烯小球逐渐克服均匀的疏水作用力发生解折叠，对应拉伸曲线前段的平台，随着小球完全解折叠成柔性的高分子链，之后的拉伸力随着距离逐渐增大直到分子链断开。

通过大量的单分子力谱曲线，可以得到诸如单分子的平均解折叠/解离力和长度等信息。为了得到更深入的信息，可以进行动力学谱测量，包括在不同的拉伸速率下进行力谱实验。由于探针标定和实验误差，我们建议对于采样率足够高的实验体系，尽量用同一根针尖在一次实验中循环进行不同拉伸速率的采集，例如，通过程序设置，先在采集速度 a 下采集 50 条曲线，再转到速度 b 采集 50 条，之后速度 c，……，循环往复，这样可以非常有效地提高动力学谱测量的准确性，减小实验误差。通常在动力学谱测量中我们会选取 6 组以上的不同拉伸速率，对于常规的 AFM，拉伸速率的选择范围通常在 10nm/s~10μm/s，速度过低测量时间太长，基线容易漂移，速度过高数据采样率不足，曲线失稳。

技巧: 根据实验需要，下针和抬针速度可以不同，影响结果的关键是拉伸单分子 (抬针) 的速度，下针可以选择加速或减速，例如，在低速测量时为了节省时间可以加快下针速度，在高速测量时为了提高测量稳定性可以减慢下针速度，比较稳定的下针速度推荐在 400~4000nm/s(对于 Bruker MLCT 探针)。

值得一提的是,动力学谱测量的本质是在不同力加载速率 (loading rate, $\mathrm{d}F/\mathrm{d}t$) 下测量，然而常用的恒速模式并不是恒加载速率模式。由于 AFM 单分子力谱测量相比于磁镊和光镊，位移精确度高但机械力精确度低，体系的等效弹簧劲度系数很大，导致加载速率范围远离近平衡态，加上反馈设计和探针响应速率的局限，很难在 AFM 中实现恒定力加载速率的测量。但在数据分析中，我们可以通过一系列的力谱数据分析方法，将拉伸速率转换成对应的加载速率进行动力学谱分析，具体方法将在第 7 章介绍。

6.2.2 力钳模式

AFM 的力钳 (force-clamp) 模式又称恒力模式，在这种模式下，探针的实时受力可以通过反馈电路输入控制器，通过控制压电陶瓷在 z 方向的上下调整，从而保持探针受力稳定，让被研究分子始终处在恒力作用下。通过力钳模式，可以在一段时间内对单分子施加稳定的恒力，研究并记录分子在恒力下解折叠或转变导致的长度变化，进而直接获得反应的动力学信息。

仍旧以多聚蛋白的单分子力谱力钳模式测量为例 (图 6.6)，恒力模式的测量在下压阶段与恒速模式基本相同。一旦成功捕获单个多聚蛋白分子，探针迅速抬起，到达预定的拉力，并在反馈电路的帮助下保持恒定。在较大拉力作用下，多聚蛋白有一定概率会依次发生一步一步的解折叠，每一步的长度对应相应结构域解折叠暴露的氨基酸序列的对应长度。蛋白结构域在受力下维持折叠的时间可以直接反映蛋白质的力学稳定性，时间越长说明力学稳定性越高。

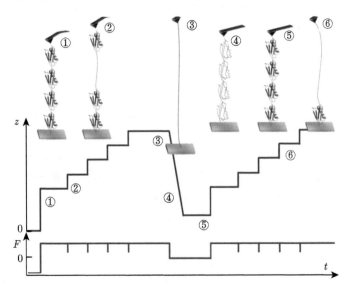

图 6.6 多聚蛋白的力钳模式示意图

图中①~⑥分别代表多聚蛋白拉伸过程中，蛋白质结构域依次解折叠 (①~②)，直到全部解折叠成多肽链 (③)，随后在低力下重折叠 (④~⑤)，最后第二次拉伸解折叠 (⑥)

与传统的通过非特异性黏附从基板上吸附多聚蛋白相比，通过多聚蛋白两端特异性交联反应分别连接到基板和针尖，可以极大地提高力谱实验的效率，更重要的是，增加捕获完整的多聚蛋白的概率。

力钳模式比拉伸模式更加直观，可以直接从大量的力谱曲线中直接得到蛋白质分子在恒力作用下的解折叠概率，解折叠概率可以直接反映出蛋白质的力学稳定性。再通过改变恒力大小，在不同机械力作用下进行力钳实验，通常范围在10~200pN，可以得出蛋白质分子解折叠的力学依赖，进一步可以通过一系列分析方法得到蛋白质分子解折叠的反应速率、转变态信息和活化能垒等。

需要注意的是，基于 AFM 单分子力谱的力钳模式测量并不是严格意义上的平衡态实验。这是由于 AFM 探针可以视作一根硬弹簧，细微的扰动或漂移会带来比较大的机械力扰动。因此，在力钳模式中，系统根据实时的探针受力情况，不断通过反馈调整压电陶瓷位置，使得探针在受力平衡位置快速振荡。反馈电路响应时间通常为 4~6 ms，快于大部分蛋白质折叠与解折叠时间，在这些情况下可以被视作平衡态。但对于某些快速打开关闭的结构和转变，力钳模式的测量将会出现假象，不再满足平衡态测量需要，这时可以考虑用稳定性更高的磁镊或光镊进行实验。

6.2.3 重折叠模式

除了跟踪单分子的解折叠/解离信息，AFM 单分子力谱也可以用于研究分子的重折叠、重结合等逆过程。解折叠/解离过程的本质是机械力作用下的打开 (off) 过程，可以得到 off 过程的速率常数 k_{off} 和与之对应的转变态；而重折叠/重结合可以研究受力或者不受力下的关闭 (on) 过程，得到 on 过程的速率常数 k_{on}，二者结合在一起，可以得到完整的转变态自由能量面和定量的动力学过程。

对于蛋白质重折叠，首先通过拉伸模式或恒力模式将蛋白质或部分结构域在大力下完全解折叠成为多肽链，并保持探针与基板间蛋白质连接不发生断裂，随后控制 AFM 探针撤回小力或回到零力，等待一定时间让这个蛋白质分子在小力或不受力状况下重新折叠。在随后的第二次拉伸中，可以观测到这个蛋白质分子的折叠效率，进而计算出蛋白质折叠的动力学 (图 6.7)。

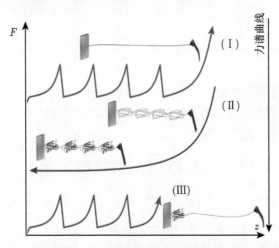

图 6.7 多聚蛋白重折叠。通过设定一个阈值，在保持连接不断裂的情况下使得多聚蛋白部分或完全解折叠，随后立即松开针尖，使拉伸力回到 0 附近 (避免探针接触基板)，等待一段时间，多聚蛋白可能会重新折叠，然后第二次拉伸得到解折叠力谱曲线

6.2.4　自定义组合模式

除了上述几种常见的 AFM 力谱模式外，部分商业化的 AFM 或实验室自行搭建的 AFM 还可以支持具有更高自由度的自定义模式。如图 6.8 所示，我们可以在 AFM 自定义流程中设计力谱实验，除了简单的下压–停留–上抬循环模式，还可以设计更为复杂的多次循环、多次拉伸和多次重折叠等实验。例如，在维持蛋白质连接不断裂的情况下，可以设计连续多次重折叠实验，研究蛋白质折叠的效率和可逆性 [11,12]；也可以研究化学键在一定的机械拉力作用下的力化学转变过程 [13]。

需要注意的是，自定义的力谱模式流程应当设计为连续闭环，否则将无法正常运行。

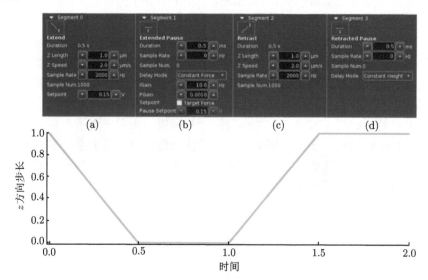

图 6.8　JPK AFM 自定义模式面板与流程闭环示意图。(a) 拉伸模式基本流程设定；(b) 力钳模式基本设定；(c) 多次重折叠模式基本设定；(d) 预拉伸模式基本设定

6.3　原子力显微镜力谱数据采集与修正

6.3.1　力谱数据噪声

首先我们围绕 AFM 单分子力谱实验中的热噪声展开一些讨论。力谱数据中的噪声来源于内噪声 (internal noise) 和外噪声 (external noise)。内噪声是实验技术本身的固有属性，主要来源于 AFM 探针接触空气或者液体时产生的频谱热振动。这个热振动原则上决定了 AFM 力谱实验的检测下限，低于这一背景噪声的单分子事件很难分辨出来。外噪声是由于外在干扰带来的噪声，由于 AFM 探针

的高位移灵敏度，任何微小的外部扰动都会导致外噪声，造成不同种类的共振，影响实验数据的质量。这些外噪声可能来源于 AFM 所在的房屋、实验台震动，任何外界声波噪声，也可能是探针安装不稳、基板失稳等操作失误。内噪声和外噪声共同决定力谱实验的力学分辨率，不同的是，内噪声作为系统固有属性，通常不会影响数据质量，而外噪声则会极大地影响实验数据采集质量。

任何 AFM 单分子力谱实验都需要尽可能地减小外噪声。有条件的情况下，可以将 AFM 仪器安装于具有实验室建筑减震系统的仪器室内，并通过密闭的 AFM 吸声箱阻隔外界声波干扰，同时，主动减震台的使用可以极大地减小振动干扰。在这种情况下，还需要根据实际外噪声对数据的影响，考虑到探针是否安装准确，基板是否固定平稳且表面平整，消除或减小局域温度对流和溶剂蒸发的影响等。

值得一提的是，在内噪声中，AFM 探针的热噪声贡献远远大于系统其他部件的影响[14]。作为探针的固有性质，探针热噪声由探针的种类、环境温度和采集线宽等决定 (热噪声 $F_{\mathrm{th}} = \sqrt{4bk_{\mathrm{B}}TB}$，$b$ 是探针的 drag viscous/damping coefficiency 参数，B 是 AFM 的采集线宽 (bandwidth))，例如，MLCT-D 在室温下的热噪声为 50pN 左右。如果简单地将探针劲度系数 k 与热噪声联系起来，那么直观上探针越软就意味着探针越容易受到外界扰动，产生更大的振动 (振幅扰动)，对应着探针反射的激光信号就越大。然而，根据力的热噪声公式，反映到力噪声上的扰动与探针的劲度系数并没有直接联系，简单地改变探针的软硬并不会影响或者提高力噪声水平。减小 AFM 探针热噪声的关键是，在 AFM 采集线宽 B 固定的情况下，尽可能减小探针的阻尼 (damping) 参数，而探针的阻尼参数直接由探针的形状和几何尺寸决定。通常情况下，越小、越窄、越薄的探针会带来越高的力学分辨信噪比。例如，通过刻蚀掉部分 AFM 探针悬臂[15] 或者选用新一代的 AFM 小探针[16]，可以极大地提高单分子力谱实验的力学分辨率。

6.3.2 漂移处理

在一个完整的 AFM 力谱实验循环中，AFM 探针交替经历着与基板的接触和在液相中移动，由于温度扰动、溶剂蒸发等原因可能带来温度梯度引起的力谱基线漂移。不同于热扰动带来的快速均匀噪声，力谱基线漂移表现为缓慢的单向漂移。由于漂移缓慢，在快速拉伸实验中通常影响很小，但是对于慢速长距离拉伸实验，基线漂移会严重影响力谱信号质量。这一漂移在变温实验中表现更为明显。因此，为了减少基线漂移的影响，一方面，研究者需要严格控制体系的温度变化，保证恒温条件，并减少溶剂蒸发，在变温实验中要想办法均匀加热或降温，防止溶剂体系温度梯度的产生；另一方面，由于基线漂移基本是匀速单向的变化，可以通过后期数据处理软件的基线修正 (baseline correction) 功能校准。

6.3.3　分子伸长修正

在 AFM 单分子力谱实验的数据采集中，力–距离曲线中的力反映着连接在探针和基底之间的待测分子的两端受力 F，正好与探针形变量 X_{AFM} 成正比，$F = kX_{\text{AFM}}$，这里 k 是探针的劲度系数；而直接采集到的力曲线中的距离则是 AFM 探针的位置 R，如图 6.9 所示，探针位置 R 并不等于待测分子的两端长度 $X_{\text{extension}}$，二者存在对应关系 $X_{\text{extension}} = R - X_{\text{AFM}}$。因此，直接采集得到的力曲线并不是待测分子的力-距离关系，在进一步的数据分析处理之前，研究者需要对力曲线上的分子伸长值进行修正。

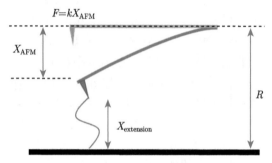

图 6.9　AFM 单分子力谱实验的分子伸长的修正

具体做法仅需要简单地将距离从 R 替换为 $R - X_{\text{AFM}}$，$X_{\text{AFM}} = F/k$，所以 $X_{\text{extension}} = R - F/k$。经过校准标定以后，力谱曲线会从图 6.10(a) 变成图 6.10(b)，探针压在基底的下压倾斜段由倾斜变为接近垂直，这一斜率反映了基底的软硬程度，压在软基底上会带来较小的斜率，而压在玻璃等硬基底上会接近垂直。

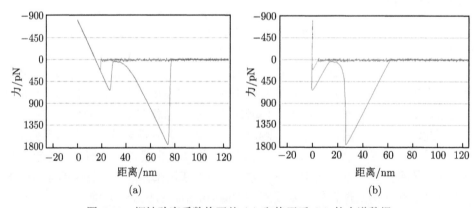

图 6.10　探针劲度系数修正前 (a) 和修正后 (b) 的力谱数据

6.3.4 黏滞力修正

在液体中移动的物体都会受到流体的黏滞阻力 (hydrodynamic drag force)，对于 AFM 探针而言，流体的黏滞阻力与拉伸速率线性相关，并且相关性取决于探针的形状尺寸和探针离开基底表面的距离 [17-21]。根据近来的研究工作，探针受到的黏滞阻力 (F_d) 可以表示为

$$F_d = \frac{6\pi\eta a_{\text{eff}}^2}{h + d_{\text{eff}}} \cdot v_{\text{tip}} \tag{6.1}$$

这里的 η 是液体的黏度 (viscosity)，h 是探针到基底表面的距离，v_{tip} 是探针拉伸的速度 [17]。经验参数 a_{eff} 和 d_{eff} 分别代表探针的有效尺寸和探针基底的有效距离。图 6.11(a) 中两种 AFM 探针在离基板 $h=500\text{nm}$ 时受到的黏滞力与拉伸速率呈线性关系；图 6.11(b) 则描述了 AFM 探针受到的黏滞力随 h 的增加而逐渐减小 ($v_{\text{tip}} = 70\mu\text{m/s}$)[18]。图中的两种探针分别是：Olympus OTR4(圆) 和

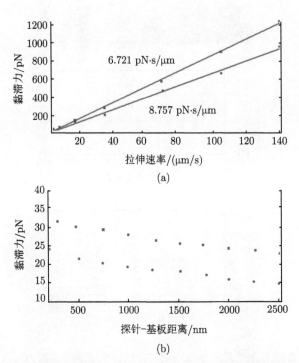

图 6.11 AFM 探针受到的黏滞力受到探针溶液中的速度和探针离基板的距离的影响。(a) AFM 探针在磷酸缓冲液 (PBS) 中受到的黏滞力与拉伸速率呈线性关系，此时探针基板距离为 500nm；(b) AFM 探针受到的黏滞力与探针基板距离的关系，拉伸速率控制在 4μm/s。两种 AFM 探针分别为 Olympus OTR4(圆) 和 MLCT-C(方)

MLCT-C(方)。通过图中的实验测量数据，可以拟合得到两种探针的经验参数，a_{eff} 分别是 (35.13 ± 0.07) μm(OTR4) 和 (52.06 ± 0.08) μm(MLCT-C)，d_{eff} 分别取 (3.70 ± 0.18) μm(OTR4) 和 (5.48 ± 0.17) μm(MLCT-C)。根据这些经验参数，我们可以预测对应探针受到黏滞力随探针离基板的距离与速度的变化，更多的常见探针经验参数见文献 [17] ∼ [19]。

　　AFM 单分子力谱实验研究的分子大部分都在 0∼1μm 范围内，除了少量的高速拉伸实验会在大于 5μm/s 的拉伸速度下进行，在绝大部分的情况下，AFM 力谱实验中探针受到的黏滞力都在几个 pN 的量级内，在这些情况下，无须考虑黏滞力修正。对于高速拉伸力谱实验，探针受到的黏滞力会线性增加到不再能忽略的程度，这个时候就必须考虑黏滞力修正。

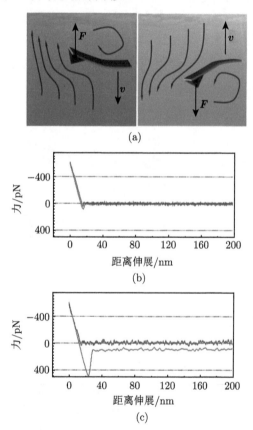

图 6.12　单分子力谱实验中的黏滞力 (a) 探针在溶液中受到液体黏滞力的示意图；(b) 低速下的标准力谱曲线 (0.8μm/s)；(c) 高速下的标准力谱曲线 (6.4μm/s)

　　具体到实验数据中，我们能够通过下压曲线和上抬曲线在远离基底的基线位置来判断黏滞力的影响。图 6.12(b) 和图 6.12(c) 分别是 0.8μm/s 和 6.4μm/s 下的典型标准力谱曲线, 在慢速拉伸时, 由于下压与上抬分别受到的黏滞力很小, 因此基线基本重合, 在这种情况下无须考虑黏滞力的影响; 而对于高速拉伸, 由于下压与上抬分别受到反向的黏滞力比较大, 所以两条基线出现了一个 60pN 左右的偏移, 在这种情况下, 探针所受到的黏滞力大致等于 30pN, 需要在数据处理中进行修正。

6.4 单分子事件判断与策略-力谱数据粗筛

6.4.1 统计学要求

在 AFM 单分子力谱实验中, 通过一次完整的拉伸循环可以记录一次单分子事件。但是, 并不是每一次拉伸都能得到有效的单分子事件, 这里的有效指的是成功拉伸单个待研究分子, 包括成功捕获蛋白解折叠信息或者成键、断键信息等。事实上, 大部分的拉伸循环都会是无效的事件, 这里面包括大量的不包含任何拉伸信息的空白事件、杂乱的非特异性吸附、污染分子的干扰以及多分子拉伸事件等。因此, 通常情况下每次单分子力谱实验都需要进行大量的重复拉伸循环, 以得到包含足够多有效事件的力谱数据库, 以进行进一步的有效单分子事件判断和筛选。

研究者经常需要面临的一个问题就是 "在一次实验中应该采集多少条力谱曲线?" 很显然, 更多的采集数量将会提高有效事件的数量和数据分析质量。但是, 采集数量太多会占用巨大的数据存储空间, 消耗大量的实验机时, 并且, 长时间的力谱实验会增加污染的可能性, 降低数据的可靠性。因此, 在满足统计学要求的情况下, 找到适当的采集数量非常重要。

从统计学的角度, 我们以一组正态分布数据为例。恰当的采集数量 n 可以表示为

$$n = \left(\frac{z^* \sigma}{E} \right)^2 \tag{6.2}$$

其中, z^* 是置信度, E 表示误差大小, σ 是数据分布的标准差。通常情况下, 置信区间和置信度有着对应关系: 90% 置信区间时 $z^*=1.645$, 95% 置信区间时 $z^*=1.96$, 99% 置信区间时 $z^*=2.576$。从这个公式中我们可以发现, 越窄的分布需要的数据量越少。事实上, 对于满足 Bell-Evans 模型的力谱数据分布, 其力分布的标准差与转变距离 x_t 相关, $\sigma = k_B T / x_t$。[22]

粗略地估算, 在理想情况下, 对于一个 $x_t=0.2$nm 的常见蛋白质的解折叠力分布, 真实平均值要在 99% 置信区间达到 $E=1$pN 的误差, 仅需要采集 $n=53$ 条有效的单分子事件曲线。在实际情况中, 力谱采集所需数量并没有统一的要求, 需要具体情况具体分析。对于复杂体系, 例如, 需要处理多峰分布或者需要得到除

平均值外的其他信息，往往需要适当地增加有效事件数量。从笔者的经验来看，通常情况下，对于数据质量确定性高的蛋白质解折叠，往往需要 200 条左右的有效解折叠事件曲线，对于数据质量确定性稍低的配体-受体解离或化学键断裂，需要 500 条以上的单分子事件曲线才能构成高质量的力分布。

考虑到实际实验中的有效单分子事件曲线数占总采集曲线的 1% ~5%，对于一次 AFM 力谱实验，单一拉伸速率下的采集数量在 2000~5000 条比较合理，实际数量灵活地取决于具体实验情况，应该在实验中具体考虑。

6.4.2　力谱数据粗筛

AFM 力谱原始数据中包含了大量的无效事件，通常占比超过 90%，在进行细致的力谱数据分析之前，需要进行一次数据粗筛。数据粗筛的目的并不是完全确定有效的单分子事件，而是快速地将明显不符合实验要求的大部分曲线筛除，以提高后续力谱数据处理效率。

首先，在一次成功的单分子力谱实验中，大部分的力谱曲线都会是没有任何事件的平稳基线，代表着大部分的实验循环没有捕获任何分子，这部分的曲线可以直接去掉，不进入进一步的数据处理。相反，如果在一次力谱实验中，大量的力谱曲线都呈现为捕获了分子或者黏附信号，那这样的力谱数据很难甄选出有效的单分子事件。同时，可以粗略地依据曲线质量筛除那些下压、上抬曲线不重合，下压基板段不垂直 (探针标定修正后)，基线段漂移明显的曲线。通过这样的简单筛选，应该可以挑选出少量具有单峰、多峰等特征信号的力谱曲线。接下来我们分别考虑有分子指纹的多聚蛋白实验和不具有分子指纹的受体-配体解离或化学键断裂实验。

在多聚蛋白的单分子力谱实验中，研究者可以借助设计的蛋白结构域数目和每个结构域解折叠的轮廓长度，来帮助判断单分子事件。在图 6.4 中，多聚蛋白由 4 个相同的结构域组成，在受力拉伸的情况下，4 个结构域将会依次打开，表现为具有 4 个连续峰加最后的一个断裂峰，这样的锯齿状信号可以作为多聚蛋白单分子力谱事件的判定标准。但在实际情况中，不是所有尝试都能够拉开完整的蛋白，因此研究者可以设定以 $n-2$ 个峰为标准来进行数据筛选 ($n>4$，n 为多聚蛋白结构域数目)。

在受体–配体解离或化学键断裂实验中，往往没有锯齿峰这样的分子指纹信号，因此单分子事件的判定需要经过更复杂的流程。在这些实验中，往往会引入一定长度的连接分子 (如聚乙二醇 (PEG) 链)，一方面，通过增加待测分子长度，使得信号出现位置后移，避免被探针基板的非特异性吸附信号掩盖，另一方面，特定分子量的 PEG 链具有已知的长度和力学响应 [23]，可以辅助我们进行单分子数据粗筛。具体地讲，如果选用分子量为 5000 的 PEG 链作为链接分子 (linker)，那待测分子的轮廓长度会出现在 30~50nm，考虑到 PEG 分子的分子量会受到一定分布、探针修饰的位置和基板平整度等因素的影响，通常可以选择 2 倍理论长度作为上限，将出峰位置限定在 0~100nm，筛除其他的数据曲线。此外，PEG 链在受力下的力-距离曲线符合持续长度 $p\sim0.38nm$ 的蠕虫链模型[23]，关于蠕虫链模型我们会在第 7 章详细介绍，简单地讲，符合蠕虫链模型的 PEG 链或者多肽链的力-距离曲线表现为一个带有弧度斜率逐渐增大的峰，在力趋近于无穷大时，距离无限接近轮廓长度。因此可以根据单峰的位置、曲线的走势来进行判断，初步筛除那些不符合的曲线。

经过粗筛的单分子力谱数据并不代表有效的单分子事件，还需要经过后续的进一步分析，我们将在第 7 章中继续讨论。

6.4.3 单分子力谱检测效率

根据粗筛的结果，我们可以讨论单分子力谱的检测效率，并以此探讨提高单分子力谱检测效率的策略。这里的单分子力谱检测效率是通过粗筛的曲线占总采集数量的比例 (A_W)，不仅包含有效的单分子事件 (有效单分子采样率)，还包含多分子事件和少量杂质分子污染。

在 AFM 单分子力谱实验中，考虑到均匀分布的单分子可以被探针独立地捕获，可以用泊松统计来描述在给定数量 N 个循环中的单分子捕获概率 P_1[24]：

$$P_1 = (A_W - 1)\ln(1 - A_W) \tag{6.3}$$

在这里的讨论中忽略少量杂质分子信号占比，而在一次事件中同时捕获多个分子的概率：

$$P_m = A_W - P_1 \tag{6.4}$$

因此在设计和进行单分子力谱实验时需要考虑到 P_1、P_m 在 A_W 中所占的比例。当力谱采样率高时，意味着多分子事件的占比也会高，不利于数据筛选与分析，例如，如果粗筛后的力谱检测效率 A_W=63%，那么 37% 的比例是有效单分子事件，还有 26% 的比例是多分子事件干扰。为了减小多分子事件的干扰，提高有效单分子力谱检测效率，通常需要将粗筛后的检测效率 A_W 控制在比较低的范围，当 A_W 降到 20% 时，有效单分子采样率将提高到 18%，而多分子采样率降到 2%，可以得到 90% 左右的准确度。提高单分子力谱实验的采样效率需要在检测效率和准确度之间寻找平衡，越低的检测效率可以得到越准确的有效单分子采样率，但是会增加杂质分子污染的比例，提高实验采样的时间和难度，因此通常的实验设计中，我们建议将检测效率 A_W 控制在 5%~10%。

为了将检测效率控制在合理的范围内，研究者可以通过调整修饰密度、引入分子指纹链接分子、调整下压策略 (位置、下压力、停留时间) 等方法，达到高效的单分子力谱采样。

理想状况下，将基板上的修饰密度控制在几个分子每 100nm^2，使得探针针尖下压接触基板的范围内只有一个或几个分子，减少多分子事件的干扰。对于可逆的受体-配体分子，应当尽量减少探针针尖上修饰的分子数量；对于不可逆的化学键断裂，由于探针针尖上的分子只能用一次，应当适当增加探针修饰的分子密度同时降低基板修饰密度；对于多聚蛋白体系，采用修饰探针特异性捕获蛋白末端可以提高实验采样效率，但是不可逆的断键会导致采样率下降，因此需要适当提高探针的修饰密度；也可以选择免修饰探针，通过非特异性作用捕获基板上吸附的蛋白质，但是很难捕获到完整长度的蛋白，实验简单可行但是实际采样率不高。

引入分子指纹，包括在待研究分子两端引入已知力学响应的指纹蛋白或者指纹高分子 (如 PEG)，一方面可以通过已知力学响应 (锯齿峰或者峰形) 提高单分子测量准确性，另一方面也可以延后信号出现的位置，避免非特异吸附信号的干扰，提高测量效率。但是，引入指纹分子有时会改变体系的力学响应，将原本的探针-待测分子体系转变为新的探针-指纹分子-待测分子体系，这会改变体系的自由能量面形状，带来一定的系统误差 [24]。

下压策略包括连续采样时设定下压矩阵和顺序，在具体采样时改变下压速度、下压力和停留时间。

如果探针总是在同一个位置来回测量，可能会总是在测量同一个分子，容易带来测量偏差，而对于不可逆反应，仅靠机械漂移无法维持稳定的采样率。因此，我们建议在 AFM 单分子力谱中通过设定下压矩阵，使得探针在基板不同位置循环测量。下压速度通常不会显著影响采样效率，但是可以独立于拉伸速率，在慢速拉伸时仍然保持较快的下压速率，提高采样速率。

下压力和停留时间是控制采样效率的关键。较大的下压力 (压强) 可以限制探针针尖与基板接触位点的分子的扩散运动，提高成键概率。下压力直接影响探针捕获非特异性黏附的能力，非特异性捕获蛋白质需要维持较大的下压力 ($\sim$1nN)，而特异性结合/解离则需要控制很小的下压力 ($\sim$0.1nN) 以减小非特异性吸附污染。停留时间的影响非常直观：延长停留时间，捕获分子 (多分子) 与非特异性黏附的概率增加；缩短停留时间，会减少分子捕获概率，提高单分子实验准确率，降低采样效率。

参 考 文 献

[1] Burnham NA, et al. Comparison of calibration methods for atomic-force microscopy cantilevers. Nanotechnology, 2002, 14(1): 1-6.

[2] Zhang X, et al. Atomic Force Microscopy of Protein–Protein Interactions//Hinterdorfer P, Oijen A. Handbook of Single-Molecule Biophysics. New York: Springer, 2009: 555-570.

[3] Sumbul F, Rico F. Single-Molecule Force Spectroscopy: Experiments, Analysis, and Simulations// Santos N C, Carvalho FA. Atomic Force Microscopy: Methods and Protocols. New York: Springer, 2019: 163-189.

[4] Putman C A J, et al. A detailed analysis of the optical beam deflection technique for use in atomic force microscopy. Journal of Applied Physics, 1992, 72(1): 6-12.

[5] Hutter J L, Bechhoefer J. Calibration of atomic-force microscope tips. Review of Scientific Instruments, 1993, 64(7): 1868-1873.

[6] Proksch R, et al. Finite optical spot size and position corrections in thermal spring constant calibration. Nanotechnology, 2004, 15(9): 1344-1350.

[7] Butt H J, Jaschke M. Calculation of thermal noise in atomic force microscopy. Nanotechnology, 1995, 6(1): 1-7.

[8] Higgins M J, et al. Noninvasive determination of optical lever sensitivity in atomic force microscopy. Review of Scientific Instruments, 2006, 77(1): 013701.

[9] Stark R W, Drobek T, Heckl W M. Thermomechanical noise of a free V-shaped cantilever for atomic-force microscopy. Ultramicroscopy, 2001, 86(1): 207-215.

[10] Sader J E, Chon J W M, Mulvaney P. Calibration of rectangular atomic force microscope cantilevers. Review of Scientific Instruments, 1999, 70(10): 3967-3969.

[11] Hoffmann T, Dougan L. Single molecule force spectroscopy using polyproteins. Chemical Society Reviews, 2012, 41(14): 4781-4796.

[12] Cao Y, Li H. Polyprotein of GB1 is an ideal artificial elastomeric protein. Nature Materials, 2007, 6(2): 109-114.

[13] Huang W, et al. Maleimide–thiol adducts stabilized through stretching. Nature Chemistry, 2019, 11(4): 310-319.

[14] Smith D P E. Limits of force microscopy. Review of Scientific Instruments, 1995, 66(5): 3191-3195.

[15] He C, et al. Direct Observation of the Reversible Two-State Unfolding and Refolding of an α/β Protein by Single-Molecule Atomic Force Microscopy. Angewandte Chemie International Edition, 2015, 54(34): 9921-9925.

[16] Viani M B, et al. Small cantilevers for force spectroscopy of single molecules. Journal of Applied Physics, 1999, 86(4): 2258-2262.

[17] Alcaraz J, et al. Correction of microrheological measurements of soft samples with atomic force microscopy for the hydrodynamic drag on the cantilever. Langmuir, 2002, 18(3): 716-721.

[18] Janovjak H, Struckmeier J, Müller D J. Hydrodynamic effects in fast AFM single-molecule force measurements. European Biophysics Journal, 2005, 34(1): 91-96.

[19] Méndez-Méndez J V, et al. Numerical study of the hydrodynamic drag force in atomic force microscopy measurements undertaken in fluids. Micron, 2014, 66: 37-46.

[20] Roters A, Johannsmann D. Distance-dependent noise measurements in scanning force microscopy. Journal of Physics: Condensed Matter, 1996, 8(41): 7561-7577.

[21] O'Shea S J, Welland M E. Atomic force microscopy at solid-liquid interfaces. Langmuir, 1998, 14(15): 4186-4197.

[22] Evans E. Probing the relation between force—lifetime—and chemistry in single molecular bonds. Annual Review of Biophysics and Biomolecular Structure, 2001, 30(1): 105-128.

[23] Oesterhelt F, Rief M, Gaub H E. Single molecule force spectroscopy by AFM indicates helical structure of poly(ethylene-glycol) in water. New Journal of Physics, 1999, 1: 6.

[24] Dudko O K, Hummer G, Szabo A. Theory, analysis, and interpretation of single-molecule force spectroscopy experiments. Proceedings of the National Academy of Sciences, 2008, 105(41): 15755.

第 7 章　力谱数据分析

黄文茂

在本章中,我们将详细介绍基于 AFM 的单分子力谱实验的数据分析方法。首先,从单分子链的机械力响应角度,介绍蠕虫链、自由链等高分子链模型,从它们的基本物理假设出发,描述单分子的刚度、持续长度等物理内涵,并借此进一步讨论单分子力谱数据的数据质量和单分子事件判定。随后,我们将从非平衡态拉伸实验到平衡态恒力实验,从简单的两态模型出发,借助转变态理论讨论机械力对于化学反应路径与能量面的影响;我们将介绍单分子力谱的动力学谱 (dynamic force spectroscopy) 方法,通过 Bell-Evans 模型、Dudko-Hummer-Szabo 模型等对单分子力谱数据进行深入分析,探究反应自由能量面和反应路径,计算反应速率常数和存活时间,得出转变态和活化能信息。AFM 单分子力谱方法的基本物理本质是通过机械力改变生物分子或高分子的物理化学性质,研究力对于蛋白质稳定性的影响、力对于生物分子相互作用的影响、力对于化学反应的影响,进而实现力生化反应的定量分析。通过本章的介绍,我们将深入浅出,展示单分子力谱方法作为一种在单分子层面的精确定量方法在反应动力学定量研究中的巨大优势。

7.1　自由链与蠕虫链模型

我们首先介绍两种基本的描述高分子链在受力情况下力学响应的理论模型:自由链 (freely jointed chain, FJC) 模型和蠕虫链 (worm-like chain, WLC) 模型。考虑到最简单的情况,将高分子链看作是一段一段的短棍片段首尾连接起来,每个片段长度为库恩长度 l_k(Kuhn length),如果这些短棍片段的取向独立、不可拉伸而且相互之间不存在长程的相互作用,那么相邻的两个片段不存在角度依赖的相互作用能量 (图 7.1)。这样,这条高分子链的长度可以表示为

$$t = l_k \sum_{i=1}^{N} \hat{t}_i \tag{7.1}$$

其中,$\hat{t}_i$ 是第 i 个片段的矢量投影。在机械力的作用下,N 个独立的刚体片段组成的高分子链表现为 N 倍单个片段的力学响应。

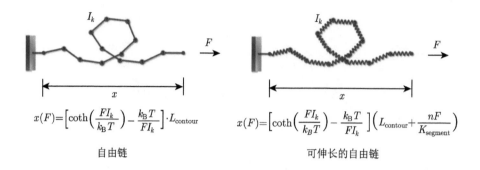

$$x(F) = \left[\coth\left(\frac{FI_k}{k_B T} \right) - \frac{k_B T}{FI_k} \right] \cdot L_{\text{contour}}$$

自由链

$$x(F) = \left[\coth\left(\frac{FI_k}{k_B T} \right) - \frac{k_B T}{FI_k} \right] \left(L_{\text{contour}} + \frac{nF}{K_{\text{segment}}} \right)$$

可伸长的自由链

$$\frac{FP}{k_B T} = \frac{1}{4}\left(1 - \frac{x(F)}{L_{\text{contour}}} \right)^{-2} - \frac{1}{4} + \frac{x(F)}{L_{\text{contour}}}$$

蠕虫链

图 7.1　自由链模型、蠕虫链模型和可伸长的自由链模型。F 是外加的力，$x(F)$ 是高分子在
受力下的长度，k_B 为玻尔兹曼常量，T 是热力学温度，L_{contour} 是高分子链的轮廓长度
(contour length)，n 是高分子链中单体的个数，P 是持续长度 (persistence length)

对于长度 l 的刚体片段，在机械力作用下仅能发生转动，因此这个刚体片段
的状态仅取决于它的取向 (orientation)$\hat{t}$，对应的能量可以写成 (图 7.2)：

$$E\left(\hat{t} \right) = -\hat{f} \cdot \hat{l} = -fl\hat{t} \cdot \hat{x} \tag{7.2}$$

根据玻尔兹曼分布：

$$\rho\left(\hat{t} \right) = \frac{1}{Z} e^{\frac{fl}{k_B T} \hat{t} \cdot \hat{x}} = \frac{1}{Z} e^{y\hat{t} \cdot \hat{x}} \tag{7.3}$$

这里 $y = \dfrac{fl}{k_B T}$ 是一个无量纲的力，Z 是体系的配分函数：

$$Z = \int e^{\frac{fl}{k_B T} \hat{t} \cdot \hat{x}} d^2 t = \int e^{y\hat{t} \cdot \hat{x}} d^2 t \tag{7.4}$$

可以看出

$$\frac{\partial \ln Z}{\partial y} = \langle \hat{t} \cdot \hat{x} \rangle \tag{7.5}$$

考虑到球坐标系中，可以直接得出

$$Z = \int_0^{2\pi} d\varnothing \int_0^{\pi} d\theta \sin\theta e^{y\cos\theta} \tag{7.6}$$

很容易可以得出

$$\frac{\partial \ln Z}{\partial f} = \frac{l}{k_B T} \frac{\partial \ln Z}{\partial f} = \frac{x}{k_B T} \tag{7.7}$$

所以

$$\frac{x}{l} = \coth\left(\frac{fl}{k_B T}\right) - \frac{k_B T}{fl} \tag{7.8}$$

这个结果表述了长度为 l 的刚体片段的力响应, 对于 N 段长度为 b 的片段组成的高分子链, 由于总长度 $L = Nb$, 很容易可以推出

$$\frac{x}{L} = \coth\left(\frac{fb}{k_B T}\right) - \frac{k_B T}{fb} \tag{7.9}$$

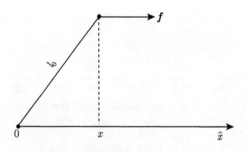

图 7.2　刚体片段的受力分析

　　这个结果就称为自由链 (理想链) 模型, 因此, 一条自由链高分子在机械力作用下的力响应仅仅取决于一个参数 b, 即分子链不能自由弯折的最小切割尺寸。很容易得到大力近似和小力近似:

$$\frac{x}{L} \approx \frac{fb}{3k_B T}, \quad f \ll \frac{k_B T}{b} \tag{7.10}$$

$$\frac{x}{L} \approx 1 - \frac{k_B T}{fb}, \quad f \gg \frac{k_B T}{b} \tag{7.11}$$

在小力下, 自由链表现为一个胡克弹簧, 在大力下, 链长度随 $\frac{1}{f}$ 变化。FJC 的弹性仅取决于熵的贡献, 因此可以很好地描述柔性高分子链的弹性行为。例如, 图 7.3 为分别对于单链 DNA[1] 和多肽链 [2] 的实验力谱曲线进行自由链拟合。

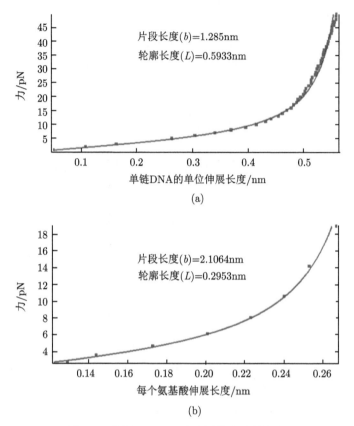

图 7.3　单链 DNA 和多肽链的自由链拟合

　　而对于一个非柔性的高分子链,FJC 模型可以描述低力范围内的弹性行为,这是由于低力下的链弹性主要还是由熵 (entropic) 弹性贡献 [3]。然而,FJC 模型不能很好地描述大力区域下的弹性行为，由于在大力下链弹性主要由热焓 (enthalpy) 贡献。为了扩展 FJC 模型的应用范围，需要考虑到短棍片段的弹性，通过引入一个弹性模量 γ，可以得到可伸长的 FJC 模型 (eFJC)(图 7.1)[4]:

$$\frac{x}{L} = \left(\coth\left(\frac{fb}{k_{\mathrm{B}}T} \right) - \frac{k_{\mathrm{B}}T}{fb} \right) \left(1 + \frac{f}{\gamma} \right) \tag{7.12}$$

在 eFJC 模型中，每一个库伦片段在受力下都会伸长，近似于弹簧的性质。利用 eFJC 模型，我们可以更好地描述非柔性高分子受力下的弹性响应 [5–8]。

　　在自由链的设定基础上，如果考虑弯折相邻的两个片段会消耗能量，则可以推导出蠕虫链模型。在蠕虫链模型中，高分子链也可以分成 N 段相连的片段，每一个片段具有足够小的长度 b, $k_{\mathrm{B}}T$ 量级大小的能量就可以使得片段发生弯折 (图

7.1)。这个弯折的能量可以写成

$$E = k_\mathrm{B}T \sum_{i=1}^{N-1} \frac{a}{2} \left(\hat{t}_{i+1} - \hat{t}_i \right)^2 \tag{7.13}$$

参数 a 代表着每个片段-片段交点的弯折刚度，a 越大，弯折所需要消耗的能量就越高。当 $a = 0$ 时，正好对应自由链模型的情况。考虑到 b 极小，趋近于 0，公式可以改写成

$$E = k_\mathrm{B}T \int_0^L \frac{ab}{2} \left(\frac{\mathrm{d}\hat{t}}{\mathrm{d}s} \right)^2 \mathrm{d}s = k_\mathrm{B}T \int_0^L \frac{p}{2} \left(\frac{\mathrm{d}\hat{t}}{\mathrm{d}s} \right)^2 \mathrm{d}s \tag{7.14}$$

这里 $p = ab$ 具有长度量纲，被称为持续长度，是描述分子弯折刚度的内禀参数。持续长度 p 描述了局域地弯折一个高分子链的难易程度。在机械力作用下：

$$E = k_\mathrm{B}T \int_0^L \frac{p}{2} \left(\frac{\mathrm{d}\hat{t}}{\mathrm{d}s} \right)^2 \mathrm{d}s - \boldsymbol{f} \cdot \boldsymbol{R} = k_\mathrm{B}T \int_0^L \left(\frac{p}{2} \left(\frac{\mathrm{d}\hat{t}}{\mathrm{d}s} \right)^2 - f\hat{t}(s) \cdot \hat{x} \right) \mathrm{d}s \tag{7.15}$$

这里机械力 $\boldsymbol{f} = f\hat{x}$，$\boldsymbol{R} \cdot \hat{x}$ 代表高分子长度在机械力方向的投影，$\hat{t}(s)$ 是在片段-片段交点处的切向量。采用类似于 FJC 推导中的玻尔兹曼分布和配分函数，理论上来说可以根据公式 $\dfrac{\partial \ln Z}{\partial f} = \dfrac{x(f)}{k_\mathrm{B}T}$ 计算出蠕虫链的力-距离曲线 $x(f)$。然而，关于这个配分函数的计算过于复杂，没有一个简单的解析解。对于长链高分子 $L \gg p$，考虑到大力近似和小力近似，可以得到

$$\frac{fp}{k_\mathrm{B}T} \approx \frac{1}{4\left(1 - x/L\right)^2}, \quad f \ll \frac{k_\mathrm{B}T}{p} \tag{7.16}$$

$$\frac{fp}{k_\mathrm{B}T} \approx \frac{3x}{2L}, \quad f \gg \frac{k_\mathrm{B}T}{p} \tag{7.17}$$

而在更普遍的情况下，Marko 和 Siggia 给出了一个插值解 [9]：

$$\frac{fp}{k_\mathrm{B}T} = \frac{x}{L} + \frac{1}{4\left(1 - x/L\right)^2} - \frac{1}{4} \tag{7.18}$$

这个公式就是广为人知的蠕虫链公式，又称 Marko-Siggia 公式。由于弯折刚度的贡献，蠕虫链和自由链在大力下的表现完全不同，而在小力下，二者基本符合力-距离的线性关系，比较式 (7.12) 和式 (7.18)，在 $b = 2p$ 的情况下，两种链模型则完全符合，因此 b 又被称作 "库伦长度"(Kuhn length)。图 7.4 为双链 DNA(dsDNA)，单链 DNA 和蛋白多肽链的力谱曲线的蠕虫链拟合。小故事：在 20 世纪 90 年代

初，光镊、AFM 技术的发展使得研究者们可以测量单分子 DNA、蛋白质、生物分子相互作用的拉伸曲线，而自由链可以完美地拟合蛋白质多肽链、单链 DNA 的拉伸曲线，而对于双链 DNA，特别在大力下，拟合地很不好，正是这点不完美的拟合，直接导致了蠕虫链模型的建立 [9]。

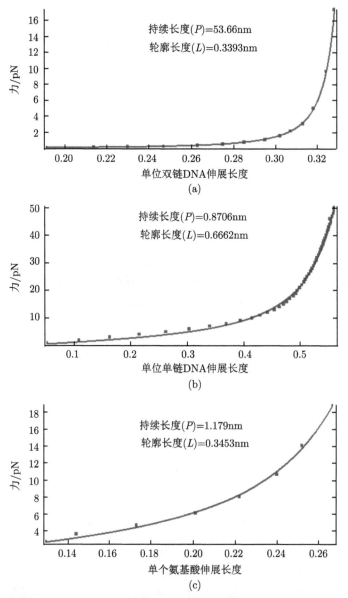

图 7.4 双链 DNA、单链 DNA 和蛋白多肽链的力谱曲线的蠕虫链拟合

与 eFJC 类似的，考虑到大力下链弹性热焓贡献，引入弹性模量 γ，也可以

得到可伸长的 WLC 模型 (eWLC)[10]：

$$\frac{fp}{k_{\mathrm{B}}T} = \frac{x}{L\left(1+\dfrac{f}{\gamma}\right)} + \frac{1}{4\left(1 - \dfrac{x}{L\left(1+\dfrac{f}{\gamma}\right)}\right)^2} - \frac{1}{4} \tag{7.19}$$

7.2 单分子力谱曲线链模型拟合与单分子事件判定

AFM 单分子力谱常见的研究对象 (DNA 链、蛋白质链、高分子链) 在机械力拉伸下的响应都符合 WLC 或者 FJC 模型，因此，可以利用 WLC 或者 FJC 对初筛后的力谱数据进行模型拟合，得到更准确的长度变化、机械力大小等信息；反过来，已知这些单分子链必将符合 WLC 或者 FJC 模型，我们也可以通过对力谱曲线的拟合结果，进一步判定单分子事件，增强单分子力谱数据的有效性。

7.2.1 拉伸模式力谱曲线的拟合

在 AFM 单分子力谱拉伸曲线 (力-距离曲线) 中，如果探针在基板上捕获了一条单分子链，在探针逐渐远离基板的过程中，单分子链的两端将会被恒定速度受限拉伸，因此链张力 (拉力) 会随着距离逐渐增加，$f(x)$ 符合 WLC 或 FJC 模型 (公式 (7.12)/公式 (7.18))。如果分子链理想长度 (轮廓长度) 保持不变，则力会在距离接近轮廓长度时趋近无穷大。如果分子链在机械力增大过程中解折叠，或者发生解离和断裂，则力会骤降至 0，对应一个标准的力谱峰形。通过对这个峰形拟合，可以得到分子链的轮廓长度和持续长度 (persistence length，对于 WLC 模型)，以及峰顶端所对应的解折叠/解离/断裂力大小。轮廓长度的大小对应着受限拉伸的这段单分子在机械力趋近于无穷大时的理想长度，可以通过分子的理想长度计算出来：$L_{\mathrm{c}} = Nl$。l 指分子链最小单元长度，N 代表分子链单元个数，表 7.1 中列出了常见分子的轮廓长度和持续长度与分子量的对应关系。例如，对于蛋白质多肽链，每个氨基酸长度 $l=0.38$nm，对于双链 DNA，每碱基对 (base pair) 长度 $l = 0.34$nm，对于单链 DNA 或者单链 RNA，每 bp 长度 $l=0.676$ 或 0.59nm，对于 PEG，每个乙二醇单体长度 $l = 0.41$nm。

根据这个结果，可以推算出力谱曲线中峰形所对应的单分子链的理想长度和分子量。对于多聚蛋白解折叠，轮廓长度随着蛋白结构域的依次打开而逐渐增加，在这种情况下，轮廓长度的变化量 ΔL_{c} 严格等于蛋白质解折叠的长度变化量 $\Delta L_{\mathrm{c}} = L - L_0 = Nl$，可以根据氨基酸数量计算出来。对于分子链断裂/解离，考虑到分子链在探针和基板上的锚定位置可能带来一定偏差 (图 7.5(a))，分子链本身的分子量和长度也可能有一定的分布，通过单峰的轮廓长度绝对值来判断单分子链长度往往会不准确 (偏小)。在实际分析中，由于往往可以通过设定 L_c 的一个置信区间，选择 $0 \sim 2L_c$ 的范围对单分子力谱曲线进行进一步筛选，可以得到 2σ 内大于 99% 置信度的单分子数据。

表 7.1 常见分子的轮廓长度与持续长度

	单体分子量 [①]	单体轮廓长度/nm	单体持续长度/nm
双链 DNA (dsDNA)[1,11]	660	0.34	50
单链 DNA (ssDNA)[12]	330	0.676	2.223
单链 RNA (ssRNA)[13]	320	0.59	1
肌动蛋白纤维 (F-actin)[14,15]	42k	4-7	17k
聚乙二醇 (PEG)[16]	81	0.41	0.38
蛋白多肽链 (polypeptide)[17]	120	0.38	0.4
微管 (microtubules)[18]	55k	NA [②]	$100 \sim 5000k$

注: ① 分子量 (molecule weight, MW)。② NA 代表不适用或无。

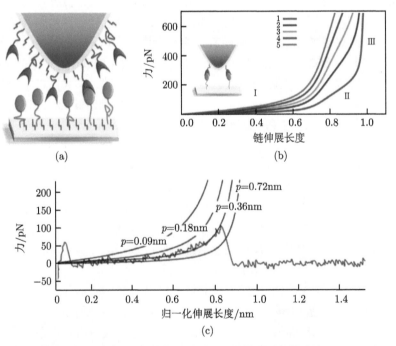

(a)   (b)

(c)

图 7.5 多分子事件与对应的力谱曲线。(a) 由于探针与基板上修饰的分子数目很多，有可能会同时在探针和基板直接形成多分子事件; (b) 多分子事件对应的力谱曲线; (c) 改变持续长度对多分子事件拟合结果的影响

持续长度的大小代表着单分子链的刚度 (硬度), 即分子链抗弯折的性质, p 越大, 则分子链越硬, 弯折一定角度需要消耗更多的能量。同样的, 表 7.1 中也列出了常见的单分子链的持续长度。对于比较软的分子 (p 值小), 弯折势能在分子链力学响应中的贡献较小, 因此 WLC 和 FJC 结果比较接近, 理想链模型也可以得到比较好的拟合结果; 但是对于比较硬的分子 (p 大, dsDNA/F-actin/microtubule), 这些单分子链的力学响应不再符合理想链模型, 必须使用 WLC 进行拟合。同样的, 由于单分子力谱实验中研究的单分子链大多具有已知的 p 值, 因此可以根据拟合每一条力谱曲线得到的 p 值判定单分子事件的有效性。

更重要的是, p 值代表着的峰形直接反映了单分子曲线中对应的分子链数目, 可以将多分子事件和单分子事件区分开来 (图 7.5)。具体地讲, 平行的多分子事件将会导致更小的 p 值, 两个分子 p 值减半, 四个分子 p 值减为四分之一 (图 7.5(c))。类似的, 在实际的数据分析中, 我们往往可以选择 $p/2$、$2p$ 的范围进行筛选 (p 为分子链的理想经验持续长度), 同时将杂质分子和多分子事件剔除。

力谱曲线中的解折叠/解离峰的峰值力, 代表着研究对象在此拉伸速率下的解折叠/解离力, 对于解折叠/解离力的深入分析是单分子力谱数据处理的核心, 接下来的章节我们将围绕这一结果进行深入讨论。

7.2.2 力钳模式下力谱数据的拟合

在恒力实验中, 也可以利用 WLC 或 FJC 对力谱数据进行拟合分析。类似的, 如果分子链在恒机械力作用下没有发生转变, 轮廓长度保持不变, 则力谱数据在不同机械力下的伸长 (extension) 符合 WLC 或 FJC 分布 (WLC 与 FJC 适应的不同单分子详见 7.2.1 节)。图 7.3 和图 7.4 为恒力实验中, 不同分子链在不同机械力下的伸长数据。但是, 考虑到分子链在探针和基板上的锚定位置可能带来的偏差, 分子链本身的分子量和长度也可能有一定的分布, 拟合得到的轮廓长度与分子链理想长度会相差一个参数 C。

7.2.3 特殊力谱曲线分析

接下来我们讨论几种特殊力谱曲线的分析与链模型拟合。

生命体中的 DNA(dsDNA) 有着双螺旋结构, 主要为 B-型 DNA(B-DNA)。B-DNA 在两端受到机械力拉伸时会发生伸长, 在小力下基本符合蠕虫链模型。当机械力增大到 65pN 左右时, B-DNA 结构将会发生一个巨大的转变 (melting), 长度快速增加到原长的 1.7 倍, 转变成 S-DNA。在力谱曲线中, 表现为一个巨大的过拉伸平台 (图 7.6(a))。关于 DNA overstretching 的机理和研究详见文献 [1], [4], [9], 本小节我们仅讨论对于这一类包含平台的力谱曲线的分析方法。

除了 DNA overstretching 外, 在力化学领域中有很多体系, 例如, 拉伸力响应聚合物高分子 (mechanophore)[19,20]、研究高分子链间相互作用 (疏水、氢键)[21,22]、研究化学键异构反应 [23] 等都可能采集到类似的含有转变平台的力谱曲线 (图 7.6)。这些体系可以简单地抽象成含有 N 个连续分布的力响应基元,这些力响应基元在机械力的作用下可能发生力化学转变 (开环、异构、断键),并且在力化学转变后基元长度会增加,最终导致在机械力增大过程中分子链轮廓长度的连续增加。

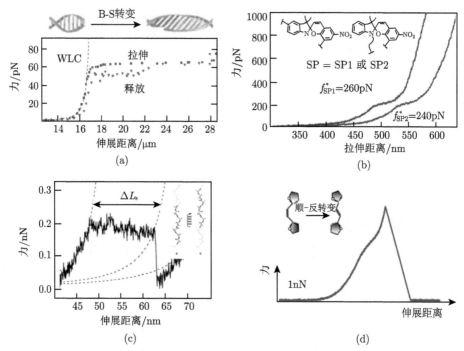

图 7.6 两态连续转变导致的 "平台" 型力谱曲线。(a) λDNA 的 B-S 转变; (b) 含有 SP1 和 SP2(螺吡喃) 力响应分子的高分子链受力下的转变; (c) PLLA(聚乳酸) 的单分子力谱曲线; (d) 碳碳双键顺反异构的单分子力谱曲线

以碳碳双键在机械力作用下的顺反异构为例,含有顺式碳碳双键主链的分子链在 1.7nN 左右会发生顺反异构,顺式碳碳双键翻转成反式结构 (图 7.7)。由于反式结构基元长度大于顺式结构基元,因此在顺反异构发生时分子链长度会连续增加,在 AFM 单分子力谱曲线中出现平台。对于这种简单的两态连续转变,我们可以通过分别用自由链拟合转变前后段,得到顺反异构前后的轮廓长度 L_{c_0} 和 L_c,帮助判定实验数据与理论模型的对应关系。分段拟合的方法对于所有两态或者多态转变的平台曲线都适用,在后文中,我们还将介绍通过引入转变速率的机械力模型,直接从平台型力谱曲线中得到转变的自由能量面信息。

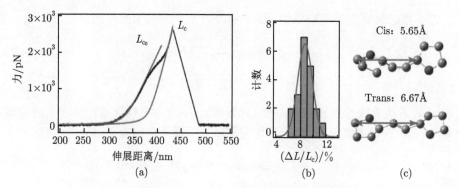

图 7.7 碳碳双键顺反异构的两态拟合。(a) 两态转变力谱数据的分段拟合，L_{c_0} 和 L_c 分别为转变前和转变后的轮廓长度；(b) 转变前、后的轮廓长度变化量；(c) 理论模型计算出的顺式与反式结构的轮廓长度

7.3　单分子力谱实验中的两态模型和转变态理论

前面两节介绍了单分子链模型在单分子力谱数据分析中的应用，通过这些数据处理，我们可以得到单分子事件对应的轮廓长度和持续长度等，用以描述分子链的长度 (分子量) 和软硬 (stiffness)。更重要的是，我们还能得到单分子事件的解折叠 (解离) 力，这个通常取自力谱峰的峰值力大小。对于平衡态恒力实验，可以直接得到在不同机械力下的解折叠 (解离) 时间，lifetime 取倒即在此机械力作用下反应的转变速率。lifetime 可以非常直观地描述反应的难易程度，以及机械力的影响。而在非平衡态实验中的解折叠 (解离) 力大小则不能直接地与反应发生的难易程度即转变速率联系起来。

考虑机械力大小对反应转变速率的影响，本质上是对反应转变自由能的影响。在介绍转变态能垒之前，我们首先从基本概念出发，介绍机械力作用下分子的自由能。

对于一个受到机械力 F 的分子，它的吉布斯自由能可以写成 [24]

$$G(F) = -\int_0^F x(f')\,\mathrm{d}f' \tag{7.20}$$

体系的总自由能：

$$g(F) = -\mu + G(F) \tag{7.21}$$

对于常见的单分子力谱研究对象，蛋白质解折叠可以简单地抽象为折叠态 (A) 和解折叠态 (B)，生物分子相互作用/化学键可以抽象为结合态 (A) 与解离态

(B) 等。考虑最简单的两态模型 (图 7.8)，分子在两态下的自由能可以写成

$$g_A^R = -\mu + \mathrm{G}_A\left(R\right) \tag{7.22}$$

$$g_B^R = \mathrm{G}_B\left(R\right) \tag{7.23}$$

这里 μ 代表折叠能量或者结合能量 (化学能)，R 为考虑到连接到分子上的弹簧的贡献 (AFM 探针的弹簧)。对于平衡态实验，采用玻尔兹曼统计:

$$p_i\left(F\right) \propto \mathrm{e}^{-G_i}/k_\mathrm{B}T \tag{7.24}$$

可以根据在一定力下的体系处在两态的比例估算出 μ:

$$\mu = G_A\left(F\right) - G_B\left(F\right) - k_\mathrm{B}T\ln\frac{p_A\left(F\right)}{p_B\left(F\right)} \tag{7.25}$$

$$\Delta G\left(F\right) = \int\limits_0^F \left(x_A\left(f\right) - x_B\left(f\right)\right)\mathrm{d}f \tag{7.26}$$

　　然而，对于 AFM 单分子力谱实验，由于弹簧的硬度将体系的硬度提高到非常高的水平 (pN/nm)，一方面 AFM 的位移分辨率不足以分辨测量出两态下的拉伸长度差别，另一方面在体系临界点附近的两态跳变极慢，很难采集足够的结果来进行统计。在单分子力谱实验中无法通过热力学平衡态的自由能公式直接计算出两态转变的自由能差值 (对应 kd)。

　　简单地讲，热力学可以告诉大家反应会往哪个方向进行，在不同机械力作用下反应会趋向于解折叠还是折叠 (取决于两态的自由能高低 ΔG)，但是并不能预测出反应的速率。为了解决这个问题，需要借助反应动力学中的转变态理论和活化能概念等。

　　转变态理论假设在反应物 (A 态) 与产物 (B 态) 之间存在一个势能面，化学反应速率由势能面鞍点处 (saddle point) 的过渡态决定。过渡态 (transition state, TS) 下的分子处在一种特殊的化学平衡状态 (准平衡态)，而与 A 态、B 态的自由能势阱高低差无关 (图 7.8)。简单地讲，化学反应的动力学速率仅由初态到转变态势垒间的能量差值和形状决定，一旦越过了这个转变态势垒，分子将可以进入产物 B 态。

$$A \longrightarrow \mathrm{TS} \longrightarrow B \tag{7.27}$$

初态与转变态之间的能量差就称为反应的活化能 (activation energy, E_a)，E_a 是保证反应进行所需的能量极小值:

$$E_a = E_\mathrm{TS} - E_A \tag{7.28}$$

对于可逆反应，正反应和逆反应拥有同样的反应路径和同样的转变态：

$$E_b = E_{\mathrm{TS}} - E_B = E_a + \Delta E_0 \tag{7.29}$$

式中，ΔE_0 为初末态的能量差。需要注意转变态与中间态不同，转变态对应动力学中的化学反应路径，是在理论中存在的态，可以根据可测量的转变速率重建，而中间态则是在实验中可能存在的 (暂) 稳态，但许多中间态其实是测量手段引入的。而活化能与化学反应速率的关系，由 Arrhenius 公式总结 [25]：

$$k = k_0 \exp\left(-\frac{E_a}{k_{\mathrm{B}}T}\right) \tag{7.30}$$

在动力学反应路径中，可以通过在不同温度下测量反应速率 k，得到反应路径下的活化能 E_a。

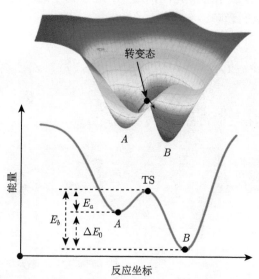

图 7.8　两态模型的自由能量面 (上) 与一条反应路径的势能面投影 (下)

7.4　单分子力谱动力学谱分析

在 AFM 单分子力谱实验中，通过一定速率增加分子受到的力，可以在非平衡态的力加载过程中加速反应的进行。力加载可以降低从初态到末态的能垒，因此降低活化能，使得分子在热扰动下更容易越过转变态能垒，进入末态。

对于蛋白质折叠解折叠、生物分子结合解离这样的两态模型 (图 7.9)，根据Kramer 方程 [26]：

$$\frac{\mathrm{d}P_b}{\mathrm{d}t} = -k_u\left(f\right)P_b \tag{7.31}$$

由力加载速率 $r = \dfrac{\mathrm{d}f}{\mathrm{d}t} = \dfrac{\mathrm{d}f}{\mathrm{d}x}\dfrac{\mathrm{d}x}{\mathrm{d}t} = av$，$a$ 为力谱曲线峰端的斜率，v 是探针移动速率，可以得到方程解：

$$P_b = \exp\left(\frac{-1}{av}\int k_u(f)\mathrm{d}f\right) \tag{7.32}$$

这里 P_b 指结合态/折叠态的概率，解离态/解折叠态概率 $P_u = 1 - P_b$，$k_u(F)$ 为受力 f 下的解离/解折叠速率：

$$k_u(f) = \tilde{k}_{0,u}\mathrm{e}^{-E(f)/k_{\mathrm{B}}T} = \tilde{k}_{0,u}\mathrm{e}^{-(E_a(0)+\Delta\Phi(f))/k_{\mathrm{B}}T} \tag{7.33}$$

$E(f)$ 是在机械力 f 作用下的活化能，$E_a(0)$ 是 0 力下的活化能，$\Delta\Phi(f)/\Delta G(f)$ 是机械力对活化能垒的影响：

$$\Delta G(f) = G_{\mathrm{TS}}(f) - G_b(f) = \int\limits_0^f (x_b(f) - x_{\mathrm{TS}}(f))\,\mathrm{d}f \tag{7.34}$$

$x_i(f)$ 代表分子结构在对应状态下的力-距离响应。

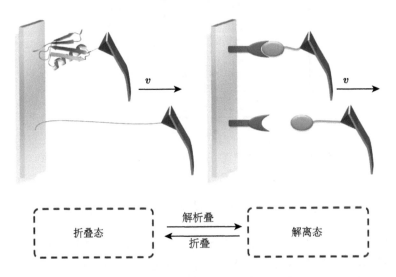

图 7.9 动力学谱中的两态转变。包括蛋白质解折叠和生物分子相互作用，将两态标记为折叠态 (folded state) 和解折叠态 (unfolded state)，或结合态 (binding state) 和解离态 (unbinding state)

7.4.1 Bell 模型

考虑最简单的理想情况，即

$$\Delta x = x_{\text{TS}}(f) - x_b(f) = \text{constant} \tag{7.35}$$

从初态到转变态的一维反应坐标 (reaction coordinates)Δx 是一个常数，与机械力无关，这意味着转变态势垒的位置保持不变。这个假设就是 Bell 模型[27,28](图 7.10)

$$\Delta \Phi(f) = -f\Delta x \tag{7.36}$$

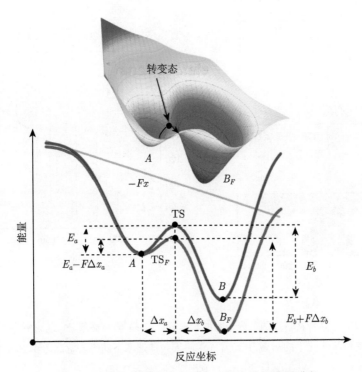

图 7.10　Bell 模型描述了受力下的自由能量面改变

因此：

$$k_u(f) = \tilde{k}_{0,u} e^{-(E_a(0) - f\Delta x)/k_\text{B}T} = k_{0,u} e^{f\Delta x/k_\text{B}T} \tag{7.37}$$

$$k_{0,u} = \tilde{k}_{0,u} e^{-E_a(0)/k_\text{B}T} \tag{7.38}$$

$k_{0,u}$ 为 0 力下的反应速率，因此在 Bell 模型中，可以解出状态概率随力的变化：

$$P_b = \exp\left[\frac{k_{0,u}f_\beta}{r}\left(1 - \exp\left(\frac{f}{f_\beta}\right)\right)\right] \tag{7.39}$$

这里特征力 $f_\beta = f_\beta = \dfrac{k_B T}{\Delta x}$，$P_u = 1 - P_b$ 随着力增大而呈指数增加 (图 7.11(a))。而解离/解折叠力的分布可以表示为

$$h(f) = \frac{\partial P_u}{\partial f} = \frac{k_{0,u}}{r} \exp\left(\frac{f}{f_\beta}\right) \exp\left[\frac{k_{0,u} f_\beta}{av}\left(1 - \exp\left(\frac{f}{f_\beta}\right)\right)\right] \tag{7.40}$$

到此，可以通过拟合单分子力谱实验中采集的解离/解折叠力分布，很容易地得到反应的特征力 f_β 和反应速率 $k_{0,u}$，进而推算出反应的活化能垒反应坐标 Δx 和活化能 E_a(图 7.11(b))。对于解离/解折叠力分布，分布越宽对应反应坐标 Δx 越小。

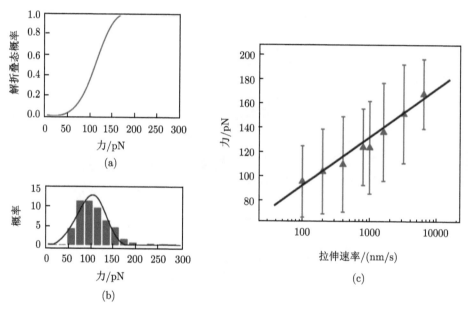

图 7.11 cRGD 与整合素解离的单分子力谱数据分析。(a) 解离概率 P_u 随机械力大小的变化；(b) 拉伸速率 0.2μm/s 下的解离力分布；(c) 不同拉伸速率下的平均解离力和 Bell 模型拟合。这里的 $k_{0,u} = 0.5s^{-1}$，$\Delta x = 0.25nm$

在实验中，由于单分子数据量的限制，往往很难在一个力加载速率下得到完美的力分布，因此在单分子力动力学谱中，可以通过改变拉伸速率 (力加载速率) 的方式进行测量。我们对力分布取导数，得到反应在加载速率 r 下的峰端力 f^*：

$$h'(f) = \frac{\partial^2 P_u}{\partial f^2} = 0 \tag{7.41}$$

$$f^* = f_\beta \ln\frac{r}{k_0 f_\beta} = f_\beta \ln r - f_\beta \ln k_{0,u} f_\beta \tag{7.42}$$

由于 Bell 模型是近高斯分布，往往也可以采用平均力：

$$\bar{f} \approx f^* = f_\beta \ln \frac{r}{k_0 f_\beta} \tag{7.43}$$

这样，通过 $\bar{f}$ 与 $\ln r$ 可以更准确地拟合得出反应的特征力 f_β 和反应速率 $k_{0,u}$(图 7.11(c))。

7.4.2 其他模型

对于 Bell 模型，$\bar{f}$ 与 $\ln r$ 符合线性关系，然而在实际情况中，还存在非线性关系的力-加载速率关系。在 Bell 模型中，通过简单地假设 $x_i(f)$ 与力无关，即转变态势垒的位置不会随着力的改变发生改变，只有势垒高度 (活化能) 会随着力的增加而线性变化：

$$\Delta G(f) = \int_0^f (x_b(f) - x_{\text{TS}}(f)) \, \mathrm{d}f \approx -f\Delta x \tag{7.44}$$

更普适的 Hummer-Szabo 模型随后被提出，与 Bell 模型的 "足够深" 势阱的假设不同 (图 7.10)，在 Hummer-Szabo 模型中，系统在一个自由能面谐振子单势阱中被一个简谐弹簧 (劲度系数 K_S) 恒速 (v) 拉伸 ($F(t) = K_S vt$)(图 7.12)。在这种情况下，系统的态密度 $S(t)$ 同样符合公式：

$$\frac{\mathrm{d}S}{\mathrm{d}t} = -k(t) S(t) \tag{7.45}$$

因此，

$$S(t) = \exp\left(-\int_0^t k(t') \, \mathrm{d}t'\right) \tag{7.46}$$

$$k(t) = k_0 \exp\left(f(t) \Delta x / k_{\text{B}} T\right) \tag{7.47}$$

Bell 模型在这里简化 Δx 为常数，对于更普遍的情况：

$$S(t) = \exp\left(-\frac{k_0}{K_S v \Delta x}(\mathrm{e}^{K_S v \Delta x t} - 1)\right) \tag{7.48}$$

考虑到存活时间 (lifetime)t^* 的分布可以写成 $-\dot{S}(t^*)\mathrm{d}t^*$，因此平均的存活时间为

$$\overline{t^*} = -\int_0^\infty t\dot{S}(t)\mathrm{d}t = \int_0^\infty S(t)\mathrm{d}t \tag{7.49}$$

而解离 (解折叠) 力分布可以与存活时间联系起来，$h(f)\mathrm{d}f = -\dot{S}(t^*)\mathrm{d}t^*$，因此 $h(f)$ 可以表示成 [29]

$$h(f) = \frac{k_0}{K_S v k_{\text{B}} T} \exp\left[\frac{f\Delta x}{k_{\text{B}} T} - \frac{k_0}{K_S v \Delta x}(\mathrm{e}^{\frac{f\Delta x}{k_{\text{B}} T}} - 1)\right] \tag{7.50}$$

类似的，平均力：

$$\bar{f}(v) = K_S v k_B T \bar{t} = K_S v k_B T \int_0^\infty S(t)\mathrm{d}t = \frac{1}{\Delta x} \exp\left(\frac{k_0}{K_S v \Delta x}\right) E_1\left(\frac{k_0}{K_S v \Delta x}\right) \tag{7.51}$$

这里 $E_1 = \int_x^\infty \mathrm{e}^{-t} t^{-1}\mathrm{d}t$ 为欧拉公式。在低速下：

$$\bar{f}(v) \approx K_S v k_B T / k_0 \tag{7.52}$$

在高速下：

$$\bar{f}(v) \approx \frac{k_B T}{\Delta x} \ln(K_S v \Delta x \mathrm{e}^{-\gamma}/k_0) \tag{7.53}$$

这里的 $\gamma = 0.5772$，为欧拉常数。

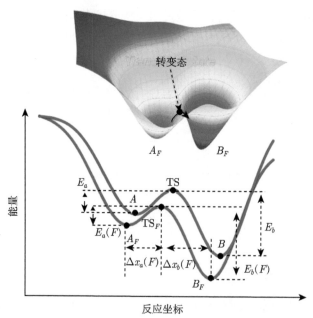

图 7.12　Dudko-Hummer-Szabo 模型描述受力下的自由能量面改变，包括能垒高度 E_a
和位置 Δx 的改变

以上为考虑单个简谐势阱的情况，随后 Dudko 在以上公式的基础上，推导出更普适的不同能量面情况下的反应速率常数随机械力的变化[30]：

$$k(F) = k_0 \left(1 - \frac{v F \Delta x^\ddagger}{\Delta G^\ddagger}\right)^{1/v-1} \mathrm{e}^{\frac{\Delta G^\ddagger}{k_B T}\left[1-\left(1-\frac{v F \Delta x^\ddagger}{\Delta G^\ddagger}\right)^{1/v}\right]} \tag{7.54}$$

其中, k_0 是在受力为 0 时的内禀转变速率常数, $\Delta x^{\ddagger}$ 是从转变基态到转变态在力方向上的能量面距离, $\Delta G^{\ddagger}$ 是转变的活化能。$v=1$ 时方程可以简化为 Bell 模型, $v=1/2$ 时对应一个简谐势阱和一个 Cusp 型势垒, $v=2/3$ 时对应一个同时包含线性和三次项的势能面。值得一提的是, 考虑到反应在不同机械力下的存活时间:

$$\tau\left(F\right)=\tau_0\left(1-\frac{vF\Delta x^{\ddagger}}{\Delta G^{\ddagger}}\right)^{1-1/v}\mathrm{e}^{-\frac{\Delta G^{\ddagger}}{k_{\mathrm{B}}T}\left[1-\left(1-\frac{vF\Delta x^{\ddagger}}{\Delta G^{\ddagger}}\right)^{1/v}\right]} \tag{7.55}$$

我们也可以直接通过拟合实验得到的 $\tau(F)$ 得到体系的内禀反应速率和转变态位移 (图 7.13)。

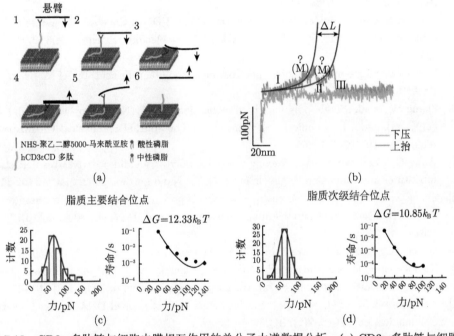

图 7.13 CD3ε 多肽链与细胞内膜相互作用的单分子力谱数据分析。(a) CD3ε 多肽链与细胞内膜相互作用的 AFM 单分子力谱实验示意图; (b) CD3ε 多肽链与细胞内膜的双峰力谱曲线, 代表多肽链有两个膜结合位点 (主要结合位点和次要结合位点); (c) 主要结合位点在 0.4μm/s 下的解离力分布与基于 Dudko-Hummer-Szabo 模型的存活时间转换与模型拟合。(d) 次要结合位点在 0.4μm/s 下的解离力分布与基于 Dudko-Hummer-Szabo 模型的存活时间转换与模型拟合

图 (a)1~6 为一个拉伸循环, 依次为: 探针下压, 接近基底, 接触基底, 开始上抬, 远离基底, 回到初始位置; M 代表: 未知的中间态 (unknown inter mediate state)

参 考 文 献

[1] Zhang X, et al. Revealing the competition between peeled ssDNA, melting bubbles, and S-DNA during DNA overstretching by single-molecule calorimetry. Proceedings of the National Academy of Sciences, 2013, 110(10): 3865.

[2] Janshoff A, et al. Force spectroscopy of molecular systems—single molecule spectroscopy of polymers and biomolecules. Angewandte Chemie International Edition, 2000, 39(18): 3212-3237.

[3] Bao Y, Luo Z, Cui S. Environment-dependent single-chain mechanics of synthetic polymers and biomacromolecules by atomic force microscopy-based single-molecule force spectroscopy and the implications for advanced polymer materials. Chemical Society Reviews, 2020, 49: 2799-2827.

[4] Smith S B, Cui Y, Bustamante C. Overstretching B-DNA: the elastic response of individual double-stranded and single-stranded DNA molecules. Science, 1996, 271(5250): 795.

[5] Li H, et al. Single-molecule force spectroscopy on poly(acrylic acid) by AFM. Langmuir, 1999, 15(6): 2120-2124.

[6] Zhang W, et al. Single polymer chain elongation of poly(N-isopropylacrylamide) and poly(acrylamide) by atomic force microscopy. The Journal of Physical Chemistry B, 2000, 104(44): 10258-10264.

[7] Wang C, et al. Force spectroscopy study on poly(acrylamide) derivatives: effects of substitutes and buffers on single-chain elasticity. Nano Letters, 2002, 2(10): 1169-1172.

[8] Zhang X, Liu C, Wang Z. Force spectroscopy of polymers: Studying on intramolecular and intermolecular interactions in single molecular level. Polymer, 2008, 49(16): 3353-3361.

[9] Marko J F, Siggia E D. Stretching DNA. Macromolecules, 1995, 28(26): 8759-8770.

[10] Kienberger F, et al. Static and dynamical properties of single poly(ethylene glycol) molecules investigated by force spectroscopy. Single Molecules, 2000, 1(2): 123-128.

[11] Salamonczyk M, et al. Smectic phase in suspensions of gapped DNA duplexes. Nature Communications, 2016, 7(1): 13358.

[12] Chi Q, Wang G, Jiang J. The persistence length and length per base of single-stranded DNA obtained from fluorescence correlation spectroscopy measurements using mean field theory. Physica A: Statistical Mechanics and its Applications, 2013, 392(5): 1072-1079.

[13] Williams M C, Rouzina I. Force spectroscopy of single DNA and RNA molecules. Current Opinion in Structural Biology, 2002, 12(3): 330-336.

[14] Hinner B, et al. Entanglement, elasticity, and viscous relaxation of actin solutions. Physical Review Letters, 1998, 81(12): 2614-2617.

[15] Dichtl M A, Sackmann E. Microrheometry of semiflexible actin networks through enforced single-filament reptation: Frictional coupling and heterogeneities in entangled networks. Proceedings of the National Academy of Sciences, 2002, 99(10): 6533.

[16] Oesterhelt F, Rief M, Gaub H E. Single molecule force spectroscopy by AFM indicates helical structure of poly(ethylene-glycol) in water. New Journal of Physics, 1999, 1: 6.

[17] Hoffmann T, Dougan L. Single molecule force spectroscopy using polyproteins. Chemical Society Reviews, 2012, 41(14): 4781-4796.

[18] Löwe J, Amos L A. Crystal structure of the bacterial cell-division protein FtsZ. Nature, 1998, 391(6663): 203-206.

[19] Gossweiler G R, Kouznetsova T B, Craig S L. Force-rate characterization of two spiropyran-based molecular force probes. Journal of the American Chemical Society, 2015, 137(19): 6148-6151.

[20] Wang J, et al. Inducing and quantifying forbidden reactivity with single-molecule polymer mechanochemistry. Nature Chemistry, 2015, 7(4): 323-327.

[21] Song Y, et al. Single-molecule force spectroscopy study on force-induced melting in polymer single crystals: the chain conformation matters. Macromolecules, 2019, 52(3): 1327-1333.

[22] Sébastien Janela M P. Nicolas Barois, Elisabeth Werkmeister, éverine Divoux, Franck Perez and Frank Lafont. Stiffness tomography of eukaryotic intracellular compartments by atomic force microscopy. Nanoscale, 2019, 11: 10320-10328.

[23] Huang W, et al. Single molecule study of force-induced rotation of carbon–carbon double bonds in polymers. ACS Nano, 2017, 11(1): 194-203.

[24] Chen H, et al. Dynamics of equilibrium folding and unfolding transitions of titin immunoglobulin domain under constant forces. Journal of the American Chemical Society, 2015, 137(10): 3540-3546.

[25] Laidler K J. Chemical kinetics. Harper & Row, New York. 1987.

[26] Evans E. Probing the relation between force—lifetime—and chemistry in single molecular bonds. Annual Review of Biophysics and Biomolecular Structure, 2001, 30(1): 105-128.

[27] Bell G I. Models for the specific adhesion of cells to cells. Science, 1978, 200(4342): 618-627.

[28] Evans E, Ritchie K. Dynamic strength of molecular adhesion bonds. Biophysical Journal, 1997, 72(4): 1541-1555.

[29] Hummer G, Szabo A. Kinetics from nonequilibrium single-molecule pulling experiments. Biophysical Journal, 2003, 85(1): 5-15.

[30] Dudko O K, Hummer G, Szabo A. Theory, analysis, and interpretation of single-molecule force spectroscopy experiments. Proceedings of the National Academy of Sciences, 2008, 105(41): 15755-15760.

索　引

B

表面功能化, 79
表面力测量仪, 3

C

持续长度, 159
磁镊, 7

D

单分子力谱, 3
蛋白质, 10
蛋白质偶联, 79
蛋白质折叠, 2
定量成像模式, 63
动力学, 71

F

分子识别, 71
分子识别成像, 55
峰值力轻敲模式, 38

G

刚度, 59
高分辨, 30
高分子, 2
光镊, 7

H

化学偶联, 79
化学修饰, 79

J

接触模式, 24
界面黏附, 2
聚乙二醇, 61

L

力化学, 2
力谱, 39
链弹性, 156
轮廓长度, 159

N

能量面, 2

P

配体–受体相互作用, 79

Q

轻敲模式, 24

R

热扰动法, 135
蠕虫链, 153

S

扫描隧道显微镜, 23
生物大分子, 2
生物膜力学测量, 7
疏水相互作用, 79

T

探针, 1
探针校准, 133

W

微观力学, 2

X

细胞, 59
相互作用, 2
形貌, 60
悬臂校准, 29

Y

压电陶瓷, 24
杨氏模量, 59
荧光显微镜, 55
原子力显微镜, 1

Z

自由链, 153

其他

AFM, 1
Bell 模型, 167
DNA, 10
Force Robot, 43
Igor Pro, 43
Kramer 方程, 165
NanoWizard, 27
PEG, 61
QI 模式, 38
TIRFM, 18